ERPÉTOLOGIE

GÉNÉRALE

OU

HISTOIRE NATURELLE

COMPLÈTE

DES REPTILES,

PAR A.-M.-C. DUMÉRIL,

MEMBRE DE L'INSTITUT, PROFESSEUR DE LA FACULTÉ DE MÉDECINE, PROFESSEUR ET ADMINISTRATEUR DU MUSÉUM D'HISTOIRE NATURELLE, ETC.

EN COLLABORATION AVEC SES AIDES NATURALISTES AU MUSÉUM,

FEU G. BIBRON,

PROFESSEUR D'HISTOIRE NATURELLE A L'ÉCOLE PRIMAIRE SUPÉRIEURE DE LA VILLE DE PARIS;

ET A. DUMÉRIL.

PROFESSEUR AGRÉGÉ DE LA FACULTÉ DE MÉDECINE POUR L'ANATOMIE ET LA PHYSIOLOGIE.

ATLAS

RENFERMANT 120 PLANCHES GRAVÉES SUR ACIER.

PARIS.

LIBRAIRIE ENCYCLOPÉDIQUE DE RORET,

RUE HAUTEFEUILLE, 12.

1854.

EXPLICATION MÉTHODIQUE

DES 120 PLANCHES FORMANT L'ATLAS

DE

L'ERPÉTOLOGIE GÉNÉRALE.

I, Généralités relatives à l'Organisation des Reptiles.

1.° CHÉLONIENS.

PLANCHE I.

Squelette de *Cistude d'Europe* ou *Commune* . . T. II p. 220
1. Tête de la même vue en arrière . . . . T. I, p. 25
2. Id. vue de profil . . . . . . id.
3. Id. vue en dessus . . . . . . id.
4. Id. vue en dessous. . . . . . id.

PLANCHE II.

Squelette de *Chélonée Caouane* . . . . . . T. II, p. 552
1. Tête de la même vue de profil . . . . . . T, I, p. 25

PLANCHE III.

Carapace, Sternum et Bassin de *Chéloniens*.
1. Carapace de Tortue Potamite ou Fluviatile, (Trionyx), *Cryptopode chagriné*. T. I, p. 29, 368 et T. II, p. 501
2. Sternum du même Cryptopode.
3. Id. de Tortue de mer ou Thalasssite, (Chélonée) . . . . T. I, p. 376 et 377
4. Sternum de Cistude.

Les lettres suivantes indiquent les différentes pièces dont ces plastrons se composent, et d'après la nomenclature de Etienne Geoffroy Saint-Hilaire.

a, Entosternal, (pièce impaire).
bb, Episternal, (pièces paires).
cc, Hyosternal, (id.).
dd, Hyposternal, (id.).
ee, Xiphisternal, (id.).

5. Partie postérieure d'une Carapace de *Chélyde Matamata* (Tortue de marais ou Elodite Pleurodère . . . . T. I, p. 37 et 378
a, Plastron ; *b*, Ischion ; *c*, Ilion ; *d*, Pubis ; *e*, Cavité cotyloïde pour l'articulation avec le fémur.

2.° SAURIENS.

PLANCHE IV.

Squelette de *Caïman à museau de Brochet*. (Voyez, en outre, pl. 25 et 26). . . . . T. III, p. 75

1. Sternum et son prolongement abdominal avec ses cartilages . . . . T. I, p. 30

PLANCHE V.

1. Squelette de *Lézard vert* . . . . T. V, p. 210
2. Id. de *Dragon frangé* . . . . T. IV, p. 448
   a, Les côtes qui soutiennent la peau formant ce que l'on nomme les ailes. T. I, p. 27 et. . T. II, p. 607
3. La tête du Dragon vue en dessus . . . . . . T. IV, p. 448

PLANCHE VI.

1. Squelette du *Caméléon ordinaire* . . . . . . T. III, p. 204

2 et 3. Tête du *Caméléon à nez fourchu*, dépouillée des parties molles, vue de profil et en dessus. (Voyez, en outre, pl. 27, fig. 3) . . . . T. III, p. 233

PLANCHE VII.

Squelette, Sternums et Bassins de *Sauriens Serpentiformes* ou *Urobènes* . . . . T. II, p. 610

1. *Chirote cannelé*. (Squelette entier) . . . . T. V, p. 474
2. Sternum du même . . . . T. V, p. 473
3. Id. de Bipède (*Ophiode strié*) . . . . . T. V, p. 788
4. Id. de *Pseudope* de *Pallas* ou *Sheltopusik*. T. V, p. 417
5. Id. d'*Ophisaure ventral* . . . . T. V, p. 423
6. Id. d'*Orvet fragile* ou *commun* . . . . T. V, p. 793

Sur chacune de ces pièces, les lettres suivantes indiquent :

a, le sternum; *bb*, les clavicules; *cc*, les os coracoïdiens; *dd*, les omoplates.

7. Bassin de Bipède (*Ophiode strié*) . . . . . T. V, p. 788
8. Id. de *Pseudope* de *Pallas* ou *Sheltopusik*. T. V, p. 417
9. Id. d'*Ophisaure ventral* . . . . T. V, p. 423
10. Id. d'*Orvet fragile* ou *commun*. . . . . . T. V, p. 793

Sur chacune de ces pièces, les lettres suivantes indiquent :

a, la colonne vertébrale; *bb*, les os du bassin; *c*, l'avant-dernière côte à laquelle le bassin est attaché par l'une de ses extrémités; *dd*, les membres postérieurs en rudiment.

3.° OPHIDIENS.

PLANCHE VIII.

1. Squelette de *Couleuvre à collier*. T. VI, p. 76 et T. VII, p. 535

2 et 3. Vertèbre dorsale de la même, vue par ses faces antérieure et postérieure. T. I, p. 23 et T. VI, p. 77

4, 5 et 6. Rudiment de membres postérieurs de *Boa* et de *Rouleau*. . . . . T. VI, p. 84 et 364

Voyez, en outre, les planches LXXV, LXXVI, LXXVII et LXXVIII représentant la tête dépouillée de ses parties molles et le système dentaire des types des principales familles de l'ordre des *Ophidiens*.

4.° BATRACIENS ANOURES.

PLANCHE IX.

1. Squelette de *Grenouille commune* . . T. VIII, p. 62 et 343
 a, le sternum de la même.
2. Squelette de *Dactylèthre du Cap.* (Voyez, en outre, pl. XCII, fig. 1 et 1 *a*.) . . . . T. VIII, p. 765
 b, le sternum du même.

5.° BATRACIENS URODÈLES.

PLANCHE X.

1. Squelette de *Salamandre tachetée, commune* ou *terrestre* . . . . T. VIII, p. 91 et T. IX, p. 52
2. Squelette de *Sirène Lacertine.* T. VIII, p. 95 et T. IX, p. 193
3. La tête, les premières vertèbres et les bras de la même, au double de leur grandeur naturelle, vus de profil . . . .

4 et 5. Vertèbre dorsale, vue en arrière et en avant . . . . T. I, p. 24

Voyez, en outre, les planches CI, CII et planche CVII, fig. 2, représentant la tête dépouillée de ses parties molles et le système dentaire des types d'un certain nombre de genres du sous-ordre des *Batraciens Urodèles*.

II. Étude zoologique des Reptiles.

1.° CHÉLONIENS OU TORTUES EN GÉNÉRAL.

PLANCHE XI.

Exemples de Carapaces de Chéloniens pour indiquer les nombres différents de plaques cornées qui les recouvrent, la position relative de ces plaques, suivant les espèces et les noms par lesquels on les désigne.

A. *Cistude d'Europe.* (Voyez, en outre, pl. I). T. II, p. 220
B. *Tortue bordée* . . . . T. II, p. 37
 C. *Chélonée caouane* . . . . T. II, p. 552
 D. *Pentonyx du Cap* . . . . T. II, p. 390
 E. *Tortue actinode* . . . . T. II, p. 66
 F. *Chélodine de Maximilien* . . . . T. II, p. 449

Les mêmes numéros se rapportent sur chaque figure aux parties semblables.

1 à 5. Plaques vertébrales ou médianes du disque.
6 à 9. Plaques costales ou latérales du disque.
6 *a*. Plaque costale additionnelle ou supplémentaire. On ne la voit que sur la carapace des deux espèces de Thalassites dites Chélonées caouanes, qui ont ainsi quinze plaques au disque et non pas treize seulement, comme tous les autres Chéloniens.
10 à 22. Plaques du limbe ou marginales, et en particulier :
10. Plaque nuchale; elle manque dans certaines espèces.

11. Plaque caudale ou sus-caudale, tantôt unique, tantôt double.
12. Plaques marginales antérieures ou margino-collaires.
13 et 14. Plaques margino-brachiales.
15 à 19. Plaques margino-latérales.
20 à 22. Plaques margino-fémorales.

PLANCHE XII.

Plastrons de différents Chéloniens destinés à faire connaître les différences qu'on y remarque relativement au nombre et à la disposition des plaques.

A. *Cinosterne scorpioïde* . . . . T. II, p. 363
B. *Emyde caspienne* . . . . T. II, p. 235
C. *Chélonée caouane* . . . . T. II, p. 532
D. *Chélodine de la Nouvelle-Hollande* . . . T. II, p. 443
E. *Emyde à lignes concentriques*. . . . . T. II, p. 261
F. *Platémyde radiolée*. . . . . T. II, p. 412

1. Plaque gulaire simple ou double, suivant les genres et même les espèces.
1 *a*. Plaque inter-gulaire. Elle ne se rencontre que chez certaines espèces et elle est alors située soit en avant, soit en arrière des plaques gulaires.
2. Plaques humérales.
3. id. pectorales.
4. id. abdominales.
5. id. fémorales.
6. id. anales.
7. id. axillaires.
8. id. inguinales.
9 à 13. Plaques sterno-latérales. On ne les trouve que chez les Thalassites.

I.re FAMILLE. CHERSITES OU CHÉLONIENS TERRESTRES.

PLANCHE XIII.

1. *Tortue sillonnée;* 1 *a*, son sternum tronqué. T. II, p. 74
2 et 2 *a*. *Pyxide arachnoïde*, vue en dessus et en dessous . . . . T. II, p. 156
Le texte indique, par erreur, pl. XIV, fig. 1.

PLANCHE XIV.

1 et 1 *a*. *Homopode aréolé*, vu en dessus et en dessous. . . . . T. II, p. 146
Le texte indique, par erreur, pl. XIII, fig. 2 et 3.
2. *Cinixys de Home;* 2 *a*, son sternum. . . . T. II, p. 161

II.e FAMILLE. ÉLODITES OU TORTUES PALUDINES.

I.re SOUS-FAMILLE. CRYPTODÈRES.

PLANCHE XV.

1. *Emyde ocellée;* 1 *a*, son sternum . . . . . T. II, p. 329
2. *Cistude d'Amboine;* 2 *a*, son sternum . . . . . T. II, p. 215

PLANCHE XVI.

1. *Tétronyx de Lesson;* 1 *a*, son sternum . . . T. II, p. 338
2. *Platysterne mégacéphale* ; 2 *a*, son sternum. . T. II, p. 344

PLANCHE XVII.

1. *Emysaure serpentine ;* 1 *a*, son sternum. . . T. II, p. 350
2. *Staurotype musqué* ; 2 *a*, le sternum et 2 *b*, la tête vue en dessous . . . . T. II, p. 358
Cette figure 2 n'est pas mentionnée dans le texte.

PLANCHE XVIII.

1. *Cinosterne de Pensylvanie ;* 1 *a*, le sternum. . T. II, p. 367
Cette figure n'est pas mentionnée dans le texte.

II.ᵉ SOUS-FAMILLE. PLEURODÈRES.

2. *Peltocéphale tracaxa* ; 2 *a*, le sternum. . . T. II, p. 378

PLANCHE XIX.

1. *Podocnémide élargie ;* 1 *a*, le sternum. . . . T. II, p. 383
2. *Pentonyx du Cap*; 2 *a*. le sternum; 2 *b*, la carapace vue par son extrémité antérieure. (Voyez, en outre, planche XI, D, pour la carapace) . . T. II, p. 390

PLANCHE XX.

1. *Sternothère marron ;* 1 *a*, le sternum . . . . T. II, p. 401
Cette figure n'est pas citée dans le texte.
2. *Platémyde bossue ;* 2. *a*, le sternum . . . T. II, p. 416

PLANCHE. XXI.

1. *Chélyde matamata* (jeune); 1 *a*, le sternum. . T. II, p. 455
2. *Chélodine de la Nouvelle-Hollande*; 2 *a*, le sternum. (Voyez, en outre, planche XII, D, pour le plastron.) . . . . T. II, p. 443

III.ᵉ FAMILLE. POTAMITES OU TORTUES FLUVIATILES.

PLANCHE XXII.

1. *Gymnopode spinifère* ; 1 *a*, le sternum . . . T. II, p. 477
2. *Cryptopode chagriné* ; 2 a, le sternum. (Voyez, en outre, planche III, fig. 1 et 2, pour la carapace et pour le plastron) . . . . T. II, p. 501
Cette figure n'a pas été citée dans le texte.

IV.ᵉ FAMILLE. THALASSITES OU TORTUES MARINES.

PLANCHE XXIII.

1. *Chélonée marbrée*, (du groupe des Chélonées franches); 1 *a*, la tête vue en dessus . . . . T. II, p. 546
2. *Chélonée imbriquée*, (du groupe des Chélonées imbriquées) ; 2 *a*, le sternum ; 2 *b*, la tête vue

PLANCHE XXIV.

1. *Chélonée de Dussumier*, (du groupe des Chélonées caouanes) ; 1 *a*, la tête vue de profil. . T. II, p. 557
   Cette figure n'a pas été citée dans le texte.
2. *Sphargis luth*; 2 *a*, le sternum; 2 *b*, tête d'un jeune individu . . . . T. II, p. 560

2.° SAURIENS ou LÉZARDS.

I.re FAMILLE. CROCODILIENS OU ASPIDIOTES.

PLANCHE XXV.

Têtes de *Caïman à museau de Brochet*, vues en dessus et de profil ; 1 et 2, dans l'âge moyen ; 3 et 4, dans le jeune âge. (Voyez, en outre, planche IV, pour le squelette). . . . . . . T. III, p. 75

PLANCHE XXVI.

1. *Caïman à museau de Brochet* ; 1 *a*, la tête et le cou du même, vus en dessus. . . . . T. III, p. 75
2. *Gavial du Gange*. Profil de la tête . . . . . T. III, p. 134

La planche XXV et la fig. 1 de la planche XXVI n'ont pas été citées dans le texte.

II.e FAMILLE. CAMÉLÉONIENS OU CHÉLOPODES.

PLANCHE XXVII.

1. *Caméléon verruqueux* . . . . T. III, p. 210
2. Tête et langue du *Caméléon du Sénégal* . . . T. III, p. 221
3. Tête du *Caméléon à nez fourchu*, vue en dessus. T. III, p. 233

III.e FAMILLE. GECKOTIENS OU ASCALABOTES.

PLANCHE XXVIII.

1. *Platydactyle des Seychelles*; 1 *a*, l'un des doigts vu en dessous. . . . . T. III, p. 310
2. *Platydactyle Cépédien*. La main entière et 2 *a*, l'un des doigts vu en dessous. . . . . T. III, p. 301
3. *Platydactyle d'Egypte*. La main entière et 3 *a*, l'un des doigts vu en dessous . . . . T. III, p. 322
4. *Platydactyle à gouttelettes*. La main entière et 4 *a*, l'un des doigts vu en dessous . . . . . T. III, p. 328
5. *Platydactyle homalocéphale*. La main entière et 5 *a*, l'un des doigts vu en dessous. (Voyez, en outre, planche XXIX) . . . . T. III, p. 339
6. *Platydactyle de Leach*. La main entière et 6 *a*, l'un des doigts vu en dessous. . . . . T. III, p. 313
7. *Hémidactyle Oualien*. La main entière et 7 *a*, l'un des doigts vu en dessous. . . . . T. III, p. 350
8. *Hémidactyle à écailles trièdres*. La main entière et 8 *a*, l'un des doigts vu en dessous . . . . T. III, p. 356

Les figures 2, 3, 6 et 8 de cette planche XXVIII n'ont pas été citées dans le texte.

PLANCHE XXIX.

1. *Platydactyle homalocéphale* ; 1 *a*, extrémité du tronc et origine de la queue en dessous. (Voyez, en outre, pl. XXVIII, fig. 5, pour la conformation de la main et des doigts en particulier . . . . T. III, p. 339

PLANCHE XXX.

1. *Hémidactyle de Péron* ; 1 *a* et 1 *b*, la tête vue en dessus et en dessous. . . . . T. III, p. 352
2. *Hémidactyle bordé* ; 2 *a* et 2 *b*, la tête vue de profil et en dessous . . . . T. III, p. 370

PLANCHE XXXI.

1. *Ptyodactyle rayé* ; 1 *a*, la tête vue en dessous ; 1 *b* et 1 *c*, les pattes postérieures vues en dessous. T. III, p. 384

PLANCHE XXXII.

1. *Phyllodactyle strophure* amplifié ; 1 *a*, le même dessiné au trait, de grandeur naturelle ; 1 *b*, la tête amplifiée et vue de profil. . . . . . . T. III, p. 397
2. *Sphériodactyle bizarre* amplifié ; 2 *a*, le même dessiné au trait et de grandeur naturelle ; 2 *b*, la tête amplifiée et vue en dessus ; 2 *c* et 2 *d*, l'une des pattes antérieures et l'une des postérieures ; 2 *e*, les écailles. Ces détails sont représentés plus grands que nature . . . . T. III, p. 406

   La figure 2 et les détails ne sont pas cités dans le texte.

PLANCHE XXXIII.

1. *Gymnodactyle de Milius* ; 1 *a*, l'un des doigts vu en dessous. . . . . T. III, p. 430
2. *Platydactyle théconyx*. La main entière ; 2 *a*, l'un des doigts vu en dessous. . . . . . . T. III, p. 306
3. *Ptyodactyle d'Hasselquist*. La main entière ; 3 *a*, l'un des doigts vu en dessous . . . . . T. III, p. 378
4. *Ptyodactyle frangé*. La main entière ; 4 *a*, l'un des doigts vu en dessous . . . . T. III, p. 381
5. *Phyllodactyle porphyré*. La main entière ; 5 *a*, l'un des doigts vu en dessous. . . . . . . T. III, p. 393
6. *Gymnodactyle rude*. La main entière ; 6 *a*, l'un des doigts vu en dessous . . . . T. III, p. 421

   Cette figure n'est pas citée dans le texte.
7. *Gymnodactyle gentil*. La main entière ; 7 *a* et 7 *b*, l'un des doigts vu en dessous et de profil . T. III, p. 423

   Cette figure n'est pas citée dans le texte relatif à ce Gymnodactyle et, par erreur, il en est fait mention dans l'article du *Phyllodactyle gentil*, p. 397.
8. *Sténodactyle tacheté*. La main entière ; 8 *a*, l'un des doigts vu en dessous. (Voyez, en outre, planche XXXIV, fig. 2.). . . . . T. III, p. 434

PLANCHE XXXIV.

1. *Gymnodactyle marbré;* 1 *a*, bout de l'un des doigts et l'ongle très-amplifiés . . . . . . T. III, p. 426
Cette figure n'est pas indiquée dans le texte.
2. *Sténodactyle tacheté.* (Voyez, en outre, planche XXXIII, fig. 8.) . . . . T. III, p. 434

IV.e FAMILLE. VARANIENS OU PLATYNOTES.

PLANCHE XXXV.

1. *Varan de Bell* . . . . T. III, p. 493
2. *Varan nébuleux*; la tête et 3, les écailles dorsales. . . . . T. III, p. 483
4. *Varan du Nil.* Ecailles dorsales . . . . . T. III, p. 476
5. *Varan de Picquot* . . . . T. III, p. 485

PLANCHE XXXVI.

1. *Héloderme hérissé;* 1 *a*, la tête vue en dessus . T. III, p. 499

V.e FAMILLE. IGUANIENS OU EUNOTES.

I.re SOUS-FAMILLE. PLEURODONTES.

PLANCHE. XXXVII.

1. *Urostrophe de Vautier*. . . . . T. IV, p. 78
2. *Norops doré*, et la tête grossie vue en dessus . T. IV. p. 82
Cette planche n'est pas mentionnée dans le texte.

PLANCHE XXXVIII.

1. *Aloponote de Ricord* . . . . T. IV, p. 190
Le texte renvoie, par erreur, à la pl. XXXVII.

PLANCHE XXXIX.

1. *Léiosaure de Bell*; 1 *a*, la tête vue de profil. T. IV, p. 242
2. *Proctotrète signifère* . . . . T. IV, p. 288
Cette planche n'est pas mentionnée dans le texte.

PLANCHE XXXIX *bis*.

1. *Trachycycle marbré*. . . . . T. IV, p. 356
2. *Tropidogastre de Blainville*; 2 *a*, ses écailles dorsales grossies et 2 *b*, les écailles ventrales également grossies . . . . T. IV, p. 330
Cette planche n'est pas citée dans le texte.

Voyez, pour compléter les Iguaniens Pleurodontes, la planche XLIV, représentant l'*Holotropide de Lherminier*, t. IV, p. 261.

II.e SOUS-FAMILLE. ACRODONTES.

PLANCHE XL.

1. *Istiure de Lesueur*; 1 *a*, écailles grossies . . T. IV, p. 384

PLANCHE XLI.

1. *Lophyre tigré* . . . . T. IV. p. 421

PLANCHE XLI *bis*.

1. *Grammatophore de Decrès*; 1 *a*, la tête vue de profil ; 1 *b*, le dessous des cuisses ; 1 *c*, écailles dorsales grossies . . . . T. IV, p. 472
2. *Agame épineux* . . . . T. IV. p. 502 et non pas, p. 499, comme la planche l'indique par erreur.

Cette planche n'est pas mentionnée dans le texte.

PLANCHE XLII.

1. *Phrynocéphale à oreilles* : 1 *a*, la tête vue de profil ; 1 *b*, les écailles carénées . . . . . T. IV, p. 524

Le texte renvoie, par erreur, à la planche XL.

2. *Doryphore azuré* . . . . T. IV, p. 371

PLANCHE XLIII.

1. *Léiolépide tacheté* . . . . T. IV. p. 465
2. *Anolis à écharpe*. La main ; 3 le pied vu en dessus et 4 vu en dessous. . . . . T. IV, p. 157

Ces figures 2, 3 et 4 qui ne sont pas indiquées dans le texte, se rapportent à un *Iguanien Pleurodonte*.

PLANCHE XLIV.

1. *Holotropide de Lherminier* . . . . T. IV, p. 259

Cet Iguanien appartient à la sous-famille des *Pleurodontes*

PLANCHE XLV.

1. *Chlamydosaure de King* . . . . T. IV, p. 441

PLANCHE XLVI.

1. *Lophyre dilophe*, sous le nom de *Tiaris*. . . T. IV, p. 419

VIe VIIe ET VIIIe FAMILLES. — LACERTIENS OU AUTOSAURES. — CHALCIDIENS OU CYCLOSAURES. — SCINCOÏDIENS OU LÉPIDOSAURES.

PLANCHE XLVII.

1. *Gerrhosaure à deux bandes* (Chalcidien), 1 *a* et 1 *b*, la tête vue en dessus et en dessous. T. V, p. 375

PLANCHE XLVIII.

1. *Lézard de Delalande* (Lacertien).

2. La tête vue en dessus ; 3 le cou vu en dessous. . . . . T. V, p. 241

PLANCHE XLIX.

1. *Neusticure à deux carènes* (Lacertien).
2. Dessous de la tête et du cou ; 3 la tête de profil, avec la bouche ouverte pour montrer la langue ; 4 dessous des cuisses . . . . T. V, p. 64

La planche renvoie, par erreur, au tome IV.

PLANCHE L.

1. *Tropidolopisme de Duméril*, sous le nom de *Scinque de Duméril*. (Scincoïdien de la Sous-Famille des *Saurophthalmes*). . . . . T. V, p. 743

1 *a*, la tête vue en dessus

PLANCHE LI.

1. *Aporomère piqueté de jaune* (Lacertien).

a, la tête en dessus et *b*, de profil; *c*, ouverture de la narine; *d*, face inférieure des cuisses; *e*, écailles dorsales . . . . T. V, p. 72

Cette planche n'est pas indiquée dans le texte.

PLANCHE LII.

1. *Grand Améiva* (Lacertien) . . . . T. V, p. 117

a, la tête en dessus; *b*, la tête et le cou en dessous ; *c*, face inférieure des cuisses et de l'origine de la queue; *d*, deux pores fémoraux grossis.

Cette planche n'est pas citée dans le texte.

PLANCHE LIII.

1. *Ophiops élégant* (Lacertien) . . . . T. V, p. 257

1 *a*, la tête de profil et 1 *b*, vue en dessus ; 1 *c*, gorge et dessous de la mâchoire inférieure ; 1 *d*, face inférieure des cuisses; 1 *e*, dessous d'un doigt postérieur, dans le but de montrer les carènes de sa face inférieure, qui constituent l'un des caractères essentiels d'un certain nombre des Lacertiens appartenant au groupe des Pristidactyles.

2. *Erémias linéo-ocellé*. Tête de profil . . . . T. V, p. 314
3. *Erémias à points rouges*. Tête de profil . . . T. V, p. 297

Cette planche n'est pas citée dans le texte.

PLANCHE LIV.

1. *Scapteire grammique*. (Lacertien) . . . . . . T. V, p. 283

1 *a*, la tête de profil; 1 *b*, dessous de la tête et du cou; 1 *c* et 1 *d*, doigts antérieurs et postérieurs grossis pour montrer leur dentelures latérales, qui constituent l'un des caractères essentiels d'un certain nombre des Lacertiens du groupe des Pristidactyles.

2. Pied d'*Acanthodactyle* (Lacertien) appartenant

au même groupe des Pristidactyles à doigts carénés sur leurs faces latérales . . . . . . T. V, p. 265

3. Pied de *Lézard vert*, pour montrer la disposition des doigts qui n'ont ni carène inférieure, ni dentelures latérales dans le groupe des Lacertiens Léiodactyles . . . . T. V, p. 210

PLANCHE LV.

1. *Hystérope de la Nouvelle-Hollande.* (Scincoïdien de la sous-famille des Ophiophthalmes). . T. V, p. 828

1 *a*, la tête vue en dessus; 1 *b*, extrémité du tronc, origine de la queue et membres postérieurs.

PLANCHE LVI.

1. *Tribolonote de la Nouvelle-Guinée.* (Chalcidien); *a*, la tête en dessus et *b*, de profil, avec la bouche ouverte, pour montrer la langue . . T. V, p. 366

PLANCHE LVII.

1. *Tropidophore de la Cochinchine.* (Scincoïdien de la sous-famille des Saurophthalmes); 1 *a*, la tête de profil, avec la bouche ouverte, pour montrer la langue; 1 *b*, la tête vue en dessus. . T. V, p. 556
2. *Diploglosse de la Sagra.* (Scincoïdien de la sous-famille des Saurophthalmes). Tête de profil, avec la bouche ouverte, pour montrer la langue . . . . T. V, p. 602
3. *Sphénops bridé.* (Scincoïdien de la sous-famille des Saurophthalmes). La tête de profil . . . T. V, p. 578
4. *Scinque officinal* ou des *Pharmacies.* (Scincoïdien de la sous-famille des Saurophthalmes). La main vue en dessus. . . . . T. V, p. 564

PLANCHE LVIII.

1. *Acontias peintade.* (Scincoïdien de la sous-famille des Saurophthalmes); *a*, la tête vue de profil; *b*, la bouche ouverte, pour montrer la langue; *c*, plaques céphaliques . . . . T. V, p. 802

3.e OPHIDIENS OU SERPENTS.

PREMIER SOUS-ORDRE:

OPOTÉRODONTES DITS SCOLÉCOPHIDES.

Une seule planche est consacrée à ce premier sous-ordre, c'est la 60.e; on en trouvera l'explication après celle de la 59.e

DEUXIÈME SOUS-ORDRE:

AGLYPHODONTES DITS AZÉMIOPHIDES.

PLANCHE LIX.

Tête et queue de chacune des espèces des quatre genres de la famille des *Upérolissiens.* (Voyez, en outre, pl. LXXVI, fig. 1, pour la disposition du système dentaire) . . . . T. VII, p. 150

1 et 1 *a*. *Rhinophis des Philippines* . . . . . . T. VII, p. 154

2 et 2 *a*. *Uropeltis des Philippines*. . . . . . T. VII, p. 161

3 et 3 *a*. *Colobure de Ceylan*. . . . . T. VII, p. 164

4 et 4 *a*. *Plectrure de Perrotet* . . . . T. VII, p. 167

PLANCHE LX.

Cette planche se rapporte au premier sous-ordre des Ophidiens, les *Opotérodontes*. (Voyez, en outre, pl. LXXV, fig. 1, 1 *a* et 2, 2 *a*, pour la disposition du système dentaire des *Epanodontiens* ou *Typhlopiens* proprement dits et des *Catodoniens* . . . . , ... T. VI, p. 228 et 331

1. *Typhlops réticulé*; 2, 3 et 4 la tête vue en dessus, en dessous et de profil; 5, dessous de l'extrémité postérieure du corps. . . . . T. VI, p. 282

Les neuf planches suivantes, LXI-LXIX se rapportent au deuxième sous-ordre ou celui des *Aglyphodontes* ou *Azémiophides*. Il faut y joindre, pour compléter la série de figures relatives à ce sous-ordre, les cinq planches LXXIX-LXXXIII et de plus, pour la disposition du système dentaire, les fig. 3 et 4 de la pl. LXXV et la pl. LXXVI.

PLANCHE LXI.

1. *Python de Séba*. (Famille des *Holodontiens*); 2, 3 et 4, la tête vue en dessus, en dessous et de profil; 5, œil, avec les plaques dont il est entouré. . . . . T. VI, p. 400

PLANCHE LXII.

1. *Pituophis Mexicain*, représenté sous la dénomination provisoire de *Anasime Mexicain*, qui n'a pas été conservée, (famille des *Isodontiens*). T. VII, p. 236
2, 3 et 4, la tête vue en dessus, en dessous et de profil; 5 et 6, pointe de la queue vue en dessus et en dessous.

PLANCHE LXIII.

1. *Xénoderme Javanais*; (famille des *Achrocordiens*); 2 et 3, la tête vue en dessus et en dessous; 4, écailles du tronc. . . . . T. VII, p. 45

PLANCHE LXIV.

1. *Calamaire de Linné*. (Famille des *Calamariens*); 2 et 3, la tête vue en dessus et en dessous; 4, extrémité postérieure du corps vue en dessous T. VII, p. 63

PLANCHE LXV.

1. *Calopisme abacure*, représenté sous la dénomination provisoire de *Hydrops abacure* (Famille

des *Isodontiens*) ; 2, 3 et 4, la tête vue en dessus, en dessous et de profil. . . . . T. VII, p. 342

PLANCHE. LXVI.

1. *Herpétodryas de Bernier*, représenté sous la dénomination provisoire de *Élaphre de Bernier*, (Famille des *Isodontiens*) ; 2, 3 et 4, la tête vue en dessus, en dessous et de profil . . . . . T. VII, p. 211

PLANCHE LXVII.

1. *Dipsadomore Indien*, représenté sous la dénomination provisoire de *Amblycéphale bucéphale* (Famillle des *Leptognathiens*); 2 et 3, la tête vue en dessus et de profil ; 4, la bouche ouverte ; 5, dents sus et sous-maxillaires; 6, région anale et face inférieure de l'origine de la queue. . . T. VII, p. 470

PLANCHE LXVIII.

1. *Hélicops de Leprieur*, représenté sous la dénomination provisoire de *Uranops sévère* (Famille des *Diacrantériens*) ; 2, 3 et 4, la tête vue en dessus, en dessous et de profil. . . . . . . T. VII, p. 750

PLANCHE LXIX.

1. *Hétérodon de Madagascar*, représenté sous la dénomination provisoire de *Léiohétérodon de Sganzin* (Famille des *Diacrantériens*) ; 2, 3 et 4, la tête vue en dessus, en dessous et de profil . . . . T. VII, p. 776

TROISIÈME SOUS-ORDRE.

OPISTHOGLYPHES DITS APHOBÉROPHIDES.

Les cinq planches suivantes, LXX à LXXIV, se rapportent à ce troisième sous-ordre. Il faut y joindre, pour compléter la série de figures relatives à cette grande division de l'ordre des *Ophidiens*, la planche LXXXIV et de plus, les figures 1 et 2 de la planche LXXVII, montrant la disposition du système dentaire.

PLANCHE LXX.

1. *Sténorhine de Fréminville* (Famille des *Sténocéphaliens* ; 2, la tête vue en dessus . . . . T. VII, p. 868

PLANCHE LXXI.

1. *Langaha* ou *Xiphorhynque crête de coq* (Famille des *Oxycéphaliens*) ; 2, 3 et 4, la tête vue en dessus, en dessous et de profil . . . . T. VII, p. 806

PLANCHE LXXII.

1. *Rhinosime de Guérin* (Famille des *Scytaliens*) ; 2, la tête vue de profil ; 3, os maxillaire supérieur, palatin, ptérygoïdien et transverse du

côté droit vus par-dessous, pour montrer la disposition du système dentaire. . . . . T. VII, p. 991

PLANCHE LXXIII.

1. *Tomodonte quatre-raies*, représenté sous la dénomination provisoire de *Eudrome flancs-linéolés* (Famille des *Anisodontiens*); 2, 3 et 4, la tête vue en dessus, en dessous et de profil. T. VII, p. 936

PLANCHE LXXIV.

1. *Erythrolampre très-beau* (Famille des *Sténocéphaliens*); 2, 3 et 4, la tête vue en dessus, en dessous et de profil. . . . . T. VII, p. 851

Les quatre planches suivantes: LXXV à LXXVIII, représentent les principales dispositions du système dentaire dans les cinq sous-ordres ou grandes divisions de l'ordre des *Ophidiens*.

OPOTÉRODONTES ET AGLYPHODONTES.

PLANCHE LXXV.

1. *Typhlops réticulé*; 1 *a*, machoire inférieure. (Voyez en outre, planche LX.) . . . . T. VI. p. 282
2. *Sténostome deux-raies*; 2 *a*, mâchoire inférieure . . . . T. VI, p. 331
3. *Python molure* . . . . T. VI, p. 417
4. *Xiphosome canin* . . . . T. VI, p. 540

Cette planche n'est pas citée dans le texte.

AGLYPHODONTES.

PLANCHES LXXVI.

1. *Plectrure de Perrotet* (Voyez, en outre, pl. LIX, fig. 4 et 4 *a*, pour la conformation de la tête et de la queue des Upérolissiens) . . . . . . T. VII, p. 167
2. *Plagiodonte Hélène* (Plagiodontiens) . . . . T. VII, p. 170
3. *Lycodon aulique* (Lycodontiens) . . . . . . T. VII, p. 369
4. *Tropidonote vipérin* (Syncrantériens). . . . T. VII, p. 560
5. *Xénodon géant* (Diacrantériens) . . . . . . T. VII, p. 761

OPISTHOGLYPHES ET PROTÉROGLYPHES.

PLANCHE LXXVII.

1. *Euroste de Dussumier* (Platyrhiniens). Voyez, en outre, pl. LXXXIV, pour l'animal entier . . T. VII, p. 951
2. *Psammophis ponctué* (Anisodontiens). . . . T. VII, p. 896
3. *Bongare demi-anneaux* (Conocerques). . . T. VII, p. 1271
4. *Naja-Baladine* (Conocerques). . . . . . . T. VII, p. 1293

PROTÉROGLYPHES ET SOLÉNOGLYPHES.

PLANCHE LXXVIII.

1. *Hydrophide pélamidoïde* (Platycerques); 1 *a*, os maxillaire supérieur, palatin, ptérygoïdien et transverse du côté droit vus par dessous, pour montrer la disposition du système dentaire T. VII, p. 1345

2. *Crotale durisse* (Crotaliens). Voyez, en outre, la fig. 1 de la planche LXXXIV *bis*, qui représente la tête couverte de téguments; 3, la tête du même vue de profil . . . . T. VII, p. 1465

Les cinq planches suivantes: LXXIX à LXXXIII, complètent avec les neuf planches LXI à LXIX, et avec les figures 3 et 4 de la planche LXXV et toute la planche LXXVI, la série des figures relatives aux *Ophidiens* du deuxième sous-ordre ou *Aglyphodontes*.

PLANCHE LXXIX.

1. *Dendrophide vert.* (Isodontiens); 1 *a*, portion du tronc vue en dessus. . . . . T. VII, p. 202
2. *Dendrophide Adonis*, (l'écaillure) . . . . . T. VII, p. 199
3. *Id.* *à huit raies*, (id.) . . . . T. VII, p. 201

PLANCHE LXXX.

1. *Enicognathe annelé.* (Isodontiens). . . . . T. VII, p. 335
2. *Id.* *ventre-rouge.* (id.) la tête et 3, la mâchoire inférieure . . . . T. VII, p. 332
4. *Tretanorhine variable.* (Isodontiens); la tête vue en dessus. . . . . T. VII, p. 348

PLANCHE LXXXI.

1. *Rachiodon d'Abyssinie.* (Leptognathiens); 2, la tête vue en dessus . . . . T. VII, p. 496
2. *Rachiodon rude*; portion dentée de la colonne vertébrale . , ... T. VII, p. 491

PLANCHE LXXXII.

1. *Simotès à bandes blanches.* (Syncrantériens) . T. VII, p. 633
2. *Simotès écarlate*; la tête vue en dessus . . . T. VII, p. 637
3. *Simotès à huit lignes*; la tête vue en dessus . T. VII, p. 634

PLANCHE LXXXIII.

1. *Uromacre oxyrhynque.* (Diacrantériens); 2, la tête du même vue en dessus . . . . T. VII, p. 722
3. *Uromacre de Catesby*; la tête vue en dessus. . T. VII, p. 721

La planche suivante complète, avec les cinq planches LXX-LXXIV et avec les fig. 1 et 2 de la pl. LXXVII, la série des figures relatives aux *Ophidiens* du troisième sous-ordre ou *Opisthoglyphes*.

PLANCHE LXXXIV.

1. *Euroste de Dussumier.* (Platyrhiniens); 1 *a*, la tête vue en dessus . . . . T. VII, p. 953

Voyez, en outre, pour la disposition du système dentaire, pl. LXXVII, fig. 1.

2. *Euroste plombé*; la tête . . . . T. VII, p. 955

QUATRIÈME SOUS-ORDRE.

PROTÉROGLYPHES dits APISTOPHIDES.

FAMILLE DES CONOCERQUES.

PLANCHE LXXV *bis*.

1. *Furine beau-dos*; 1 *a*, la tête vue en dessus . T. VII, p. 1241
2. *Triméresure porphyré*, la queue vue en dessous . . . . T. VII, p. 1247

PLANCHE LXXVI *bis*.

1. *Alecto panachée*; 1 *a*, la tête vue en dessus. . T. VII, p. 1254
2. *Alecto couronnée*; la tête vue en dessus . . T. VII, p. 1255

Cette planche n'est pas indiquée dans le texte.

FAMILLE DES PLATYCERQUES.

PLANCHE LXXVII *bis*.

1. *Aypisure fuligineux*; 2, la tête vue en dessus; 3, portion du tronc vue en dessous . . . . T. VII, p. 1327
4. *Aipysure lissé*; la tête vue en dessus . . . T. VII, p. 1326

CINQUIÈME SOUS-ORDRE.

SOLÉNOGLYPHES dits THANATOPHIDES.

FAMILLE DES VIPÉRIENS.

PLANCHE LXXVIII *bis*.

Têtes des Vipériens cornus.

1. *Vipère ammodyte* . . . . T. VII, p. 1414
2. *Id. hexacère* . . . . T. VII, p. 1416
3. *Céraste d'Egypte* . . . . T. VII, p. 1440
4. *Id. lophophrys* . . . . T. VII, p. 1444
5. *Id. de Perse* . . . . T. VII, p. 1443

PLANCHE LXXIX *bis*.

1. *Echidnée heurtante* . . . . T. VII, p. 1425

Têtes des deux Vipères communes de France.

2. *Pelias berus*. (La petite Vipère) . . . . . T. VII, p. 1395
3. *Vipère commune* ou *Aspic* . . . . T. VII, p. 1406

PLANCHE LXXX *bis*.

1. *Échidnée du Gabon*; 2 et 3, la tête vue en dessus et en dessous . . . . T. VII, p. 1428

PLANCHE LXXXI *bis*.

1. *Échide à frein*; 2, la tête vue en dessous . . T. VII, p. 1449
3. *Échide carénée*, la tête vue en dessous . . . T. VII, p. 1448

FAMILLE DES CROTALIENS.

PLANCHE LXXXII *bis*.

1. *Bothrops alterné*; 1 *a*, la tête vue de profil. . T. VII, p. 1512

Le texte, par erreur, indique la pl. LXXXII.

2. *Trigonocéphale piscivore* (la tête vue en des-

sus), représenté sous la dénomination provisoire de *Trigonocéphale cenchris* . . . . . T. VII, p. 1491

PLANCHE LXXXIII *bis*.

1. *Atropos Mexicain* ; 2, la tête vue en dessus. . T. VII, p. 1521
3. *Atropos pourpre* ; la tête vue en dessus. . . T. VII, p. 1519

PLANCHE LXXXIV *bis*.

Têtes de *Crotales* vues en dessus.

1. *Crotale durisse*. . . . . T. VII, p. 1466
2. *Id. horrible* . . . . T. VII, p. 1472
3. *Id. rhombifère* ou *Diamant*. . . . . T. VII, p. 1470
4. *Id. à taches confluentes* . . . . . . T. VII, p. 1475
5. *Id. à triples taches* . . . . T. VII, p. 1479

4.° BATRACIENS OU GRENOUILLES ET SALAMANDRES.

PREMIER SOUS-ORDRE.

PÉROMÈLES OU BATRACIENS SANS MEMBRES.

FAMILLE UNIQUE. OPHIOSOMES OU CÉCILOÏDES.

PLANCHE LXXXV.

1. *Siphonops annelé*; 1 *a*, la tête et le cou vus de profil ; 1 *b*, la bouche ouverte pour montrer la langue, les dents et les orifices internes des narines; 1 *c*, l'extrémité terminale du corps vue en dessous . . . . T. VIII, p. 282
2. *Cécilie lombricoïde* ; la tête vue de profil ; 2 *a*, la bouche ouverte pour montrer la langue, les dents et les orifices internes des narines. . . T. VIII, p. 275
3. *Cécilie à ventre blanc*, les écailles. . . . T. VIII, p. 276
4. *Rhinatrème à deux bandes*, 4 *a*, les écailles. T. VIII, p. 289

DEUXIÈME SOUS-ORDRE.

ANOURES OU BATRACIENS SANS QUEUE.

I.re FAMILLE. RANIFORMES OU GRENOUILLES.

PLANCHE LXXXVI.

1. *Grenouille du Malabar* ; 1 *a*, la bouche ouverte, pour montrer la langue et les dents . T. VIII, p. 365
2. *Pseudis de Mérian*, la bouche ouverte, pour montrer la langue et les dents . . . . . . T. VIII, p, 327
3. *Grenouille à bandes* sous le nom provisoire de *Strongylope à bandes*, la bouche ouverte, pour montrer la langue et les dents . . . . . T. VIII, p. 389
4. *Oxyglosse lime*, la bouche ouverte, pour montrer la langue . . . . T. VIII, p. 334
5. Figure destinée à faire comprendre l'expérience relative à l'électricité animale et qu'on trouve expliquée. . . . . T. VIII, p. 102

PLANCHE LXXXVII.

1. *Pyxicéphale de Delalande;* 1 *a*, la bouche ouverte, pour montrer la langue et les dents; 1 *b*, l'un des pieds vu en dessous . . . . . . T. VIII, p. 445
2. *Cystignathe de Bibron*, sous le nom provisoire de *Pleurodème* de Bibron; 2 *a*, la bouche ouverte, pour montrer la langue et les dents. T. VIII, p. 410
3. *Cycloramphe fuligineux*, la bouche ouverte, pour montrer la langue et les dents . . . . T. VIII, p. 454
4. *Cystignathe ocellé*, la bouche ouverte pour montrer la langue et les dents . . . . . . T. VIII, p. 396

Voyez, en outre, pour compléter la série des figures relatives à la famille des *Raniformes*, la planche XCVII.

II.e FAMILLE. HYLÆFORMES OU RAINETTES.

PLANCHE LXXXVIII.

1. *Limnodyte rouge*, sous le nom provisoire de *Ranhyle rouge*; 1 *a*, l'une des mains vue en dessous . . . . T. VIII, p. 511
2. *Litorie de Freycinet:* 2 *a*, l'une des pattes postérieures . . . . T. VIII, p. 504

PLANCHE LXXXIX.

1. *Rhacophore de Reinwardt;* 1 *a*, l'un des pieds vu en dessous . . . . T. VIII, p. 532
2. *Hylode de la Martinique*, sous le nom de *Hylode de Saint-Domingue;* 2 *a*, la bouche ouverte, pour montrer la langue et les dents. T. VIII, p. 620

PLANCHE XC.

1 et 1 *a*. *Dendrobate à tapirer*, variété figurée sous le nom provisoire de *Hylaplésie de Cocteau* vue en dessus et en dessous . . . . . T. VIII, p. 652
2. *Phylloméduse bicolore*, la tête vue de profil, avec la bouche ouverte, pour montrer la langue; 2 *a*, la même vue de face, pour montrer les dents palatines; 2 *b*, l'une des mains; 2 *c*, l'un des pieds vu en dessous . . . . T. VIII, p. 629

Voyez, en outre, pour compléter la série des figures relatives à la famille des *Hylæformes*, les planches XCVIII et XCIX.

III.e FAMILLE. BUFONIFORMES OU CRAPAUDS.

PLANCHE XCI.

1. *Crapaud de Leschenault*; 1 *a*, la bouche ouverte, pour montrer la langue; on constate sur cette figure l'absence des dents maxillaires et palatines . . . . T. VIII, p. 666
2. *Rhinophryne à raie dorsale;* 2 *a*, l'un des pieds vu en dessous . . . . T. VIII, p. 758

Voyez, en outre, pour compléter la série des

figures relatives à la famille des *Bufoniformes*, la planche C.

IV.ᵉ FAMILLE DES PIPÆFORMES OU BATRACIENS ANOURES PHRYNAGLOSSES.

PLANCHE XCII.

1. *Dactylèthre du Cap ;* 1 *a*, la bouche ouverte. T. VIII, p. 765
2. *Pipa américain*, la tête vue en dessus ; 2 *a*, l'une des pattes de devant ; 2 *b*, l'une des pattes postérieures . . . . T. VIII, p. 773

TROISIÈME SOUS-ORDRE.

URODÈLES OU BATRACIENS A QUEUE.

PREMIÈRE SECTION : ATRÉTODÈRES.

I.ʳᵉ FAMILLE. SALAMANDRIDES.

PLANCHE XCIII.

1. *Onychodactyle de Schlegel ;* 1 *a*, la tête vue de profil ; 1 *b*, la bouche ouverte, pour montrer la langue et les dents ; 1 *c*, extrémité de deux doigts grossie, pour mieux montrer les ongles. . . . . T. IX, p. 114
2. *Géotriton brun* ou *de Savi*, la bouche ouverte pour montrer la langue et les dents . . . . T. IX, p. 85
   Voyez, en outre, une meilleure représentation de ce système dentaire, pl. CII, fig. 1.
3. *Salamandre tachetée*, la bouche ouverte, pour montrer la langue et les dents. . . . . . . T. IX, p. 52
   Voyez, en outre, pour une meilleure représentation de ce système dentaire, pl. CI, fig. 1.
4. *Ambystome à bandes*, sous le nom fautif de *Amblystome*, la bouche ouverte, pour montrer la langue et les dents . . . . T. IX, p. 107
   Voyez, en outre, pour une meilleure représentation de ce système dentaire, pl. CI, fig. 6.

PLANCHE XCIV.

La première figure se rapporte à la troisième famille ; 2 *Salamandrine à lunettes ;* 2 *a*, la bouche ouverte, pour montrer la langue et les dents . . . . T. IX, p. 69

3. *Triton à crête*, la bouche ouverte, pour montrer la langue et les dents . . . . T. IX, p. 131
   Voyez, en outre, pour une meilleure représentation de ce système dentaire, la pl. CII, fig. 2 et 3.
4. *Pléthodonte brun*, la bouche ouverte, pour montrer la langue et les dents. . . . . T. IX, p. 85
   Voyez, en outre, pour une meilleure représentation du système dentaire, pl. CI, fig. 3.
   Voyez aussi, pour compléter la série des figures relatives à cette famille, les sept planches CI à CVII.

DEUXIÈME SECTION : TRÉMATODÈRES.

II.ᵉ FAMILLE. PROTÉÏDES OU PHANÉROBRANCHES.

PLANCHE XCV.

1. *Sirédon ou Axolotl de Harlan*; **1 *a***, la bouche ouverte . . . . T. XI, p. 181
2. *Ménobranche latéral*, la partie antérieure de l'animal vue de profil; **2 *a*** la bouche ouverte. T. IX, p. 184

PLANCHE XCVI.

1. *Sirène lacertine*, jeune âge, figurée sous le nom de *Sirène striée*; **1 *a***, la tête et la partie antérieure du corps vues de profil. . . . . T. IX, p. 193
2. *Protée anguillard*, la tête vue de profil; **2 *a***, la bouche ouverte, pour montrer la langue et les dents . . . . T. IX, p. 186
3. La troisième figure se rapporte à la troisième famille.

III.ᵉ FAMILLE AMPHIUMIDES OU PÉROBRANCHES.

Il faut rapporter ici la première figure de la planche XCIV, laquelle représente :

1. *Ménopome des monts Alleghanys* et **1 *a***, la bouche ouverte pour montrer la langue et les dents . . . . T. IX, p. 205

Il faut, de plus, rapporter ici la troisième figure de la planche XCVI, laquelle représente la bouche de l'*Amphiume*, ouverte pour montrer la langue et les dents. . . . . T. IX, p. 203

Voyez, en outre, pour compléter la série des figures relatives à la famille des *Amphiumides*, la pl. CVIII.

La planche suivante se rapporte à la première famille du sous-ordre des *Anoures*, celle des *Raniformes*.

PLANCHE XCVII.

1. *Scaphiope solitaire*; **1 *a***, la bouche ouverte; **1 *b***, l'un des pieds. . . . . T.VIII, p. 473
2. *Pélobate brun*, l'un des pieds . . . . . T.VIII, p. 477
3. id. *cultripède*, l'un des pieds . . . . T.VIII, p. 483

Cette planche n'est pas indiquée dans le texte.

Voyez, en outre, pour compléter la série des figures relatives à la famille des *Raniformes*, les pl. LXXXVI et LXXXVII.

Les deux planches suivantes se rapportent à la famille des *Hylæformes* et avec les planches LXXXVIII, LXXXIX et CX, elles complètent la série des figures relatives à cette famille.

PLANCHE XCVIII.

1. *Rainette à bourse mâle*; **2**, la femelle qui porte la poche ou bourse cutanée. . . . . T. VIII, p. 598

Cette planche n'est pas indiquée dans le texte.

PLANCHE XCIX.

1. *Hylode large-tête.* Espèce non décrite dans l'erpétologie générale, mais dans un mémoire de A. Duméril sur la famille des *Hylæformes*, (*Ann. des Sciences nat.*, 3.e série, t. XIX, p. 135 et suivantes.)
2. Le tronc vu en dessous, pour montrer le disque cutané; 3, la bouche ouverte, pour montrer la langue et les dents; 4, la main vue en dessous.

La planche suivante se rapporte à la famille des *Bufoniformes* et avec la planche XCI, elle complète la série des figures relatives à cette famille.

PLANCHE C.

1. *Phrynisque noirâtre* . . . . T. VIII, p. 723
2. id. *austral* . . . . T. VIII, p. 725
3. id. *tête blanche*. . . . .
4. Variété du *Phrynisque austral.*

Ces deux dernières figures représentent des Batraciens qui ne sont pas décrits dans l'Erpétologie, où l'on ne trouve pas, d'ailleurs, l'indication des deux premières figures.

Les sept planches suivantes se rapportent à la section des *Batraciens Urodèles Trématodères*, et en particulier à la première famille, celle des *Salamandrides*. Elles complètent, avec les planches XCIII et XCIV, la série des figures relatives à cette famille.

PLANCHE CI.

Têtes de Batraciens Urodèles dépouillées de leurs parties molles.

1. *Salamandre terrestre* ou *tachetée* . . . . . T. IX, p. 52
2. *Pleurodèle de Waltl*. . . . . T. IX, p. 72

Voyez, en outre, la planche CIII, représentant l'animal entier.

3. *Pléthodonte brun* . . . . T. IX, p. 85
4. *Bolitoglosse Mexicain* . . . . T. IX, p. 94

Voyez, en outre, la planche CIV représentant l'animal entier et une variété.

5. *Ellipsoglosse à taches* . . . . T. IX, p. 99
6. *Ambystome à bandes*. . . . . T. IX, p. 107

Voyez, en outre, la planche CV, où est représentée une variété de cette espèce.

PLANCHE CII.

Têtes de Batraciens Urodèles, dépouillées de leurs parties molles.

1. *Géotriton brun ou de Savi* . . . . T. IX, p. 112

2 et 3. *Triton à crête*, en dessous et en dessus. . T. IX, p. 131

4. *Triton ponctiulé*. . . . . T. IX, p. 152

Voyez, en outre, une représentation de l'animal entier, pl. cvi, fig. 3.

5 et 6. *Euprocte de Poiret*, en dessous et en dessus T. IX, p. 160
Voyez, en outre, une représentation de l'animal entier, pl. cvii, fig. 1.

PLANCHE CIII.

1. *Pleurodèle de Waltl* . . . . T. IX, p. 72
Voyez, en outre, pour le système dentaire, pl. ci, fig. 2.

2. *Salamandre de Corse;* la bouche ouverte, pour montrer les dents . . . . T. IX, p. 61

PLANCHE CIV.

1. *Bolitoglosse Mexicain ;* **1 *a*** et **1 *b***, le pied et la main ; 2, variété du même . . . . T. IX, p. 94
Voyez, en outre, pour le système dentaire de ce dernier, pl. ci, fig. 4.

PLANCHE CV.

1. *Ambystome à bandes.* Variété . . . . T. IX, p. 107

PLANCHE CVI.

1. *Triton marbré* . . . . T. IX, p. 135
2. *Triton recourbé* . . . . T. IX, p. 151
3. *Triton poncticulé* . . . . T. IX, p. 152
Voyez, en outre, pour le système dentaire, pl. cii, fig. 4.

PLANCHE CVII.

1. *Euprocte de Poiret*; **1 *a*** et **1 *b***, la main et le pied . . . . T. IX, p. 160
Voyez, en outre, pour le système dentaire, pl. cii, fig. 5 et 6.

2. *Triton symétrique*; la tête dépouillée de ses parties molles et vue en dessus. . . . . . . T. IX, p. 155
La planche suivante, avec la 1.re figure de la pl. xciv et avec la 3.e figure de la pl. xcvi, complète la série des figures relatives à la 3.e famille des *Batraciens Urodèles*, celle des *Amphiumides* ou *Pérobranches*.

PLANCHE CVIII.

1. *Amphiume pénétrante* ou à *deux doigts;* **1 *a***, la tête vue de profil; **1 *b***, le cloaque. . . . . . T. IX, p. 203
2. *Amphiume à trois doigts;* la tête vue en dessus et **2 *a***, vue de profil . . . . T. IX, p. 203

Amiens. — Imp. de Duval et Herment, place Périgord, 3.

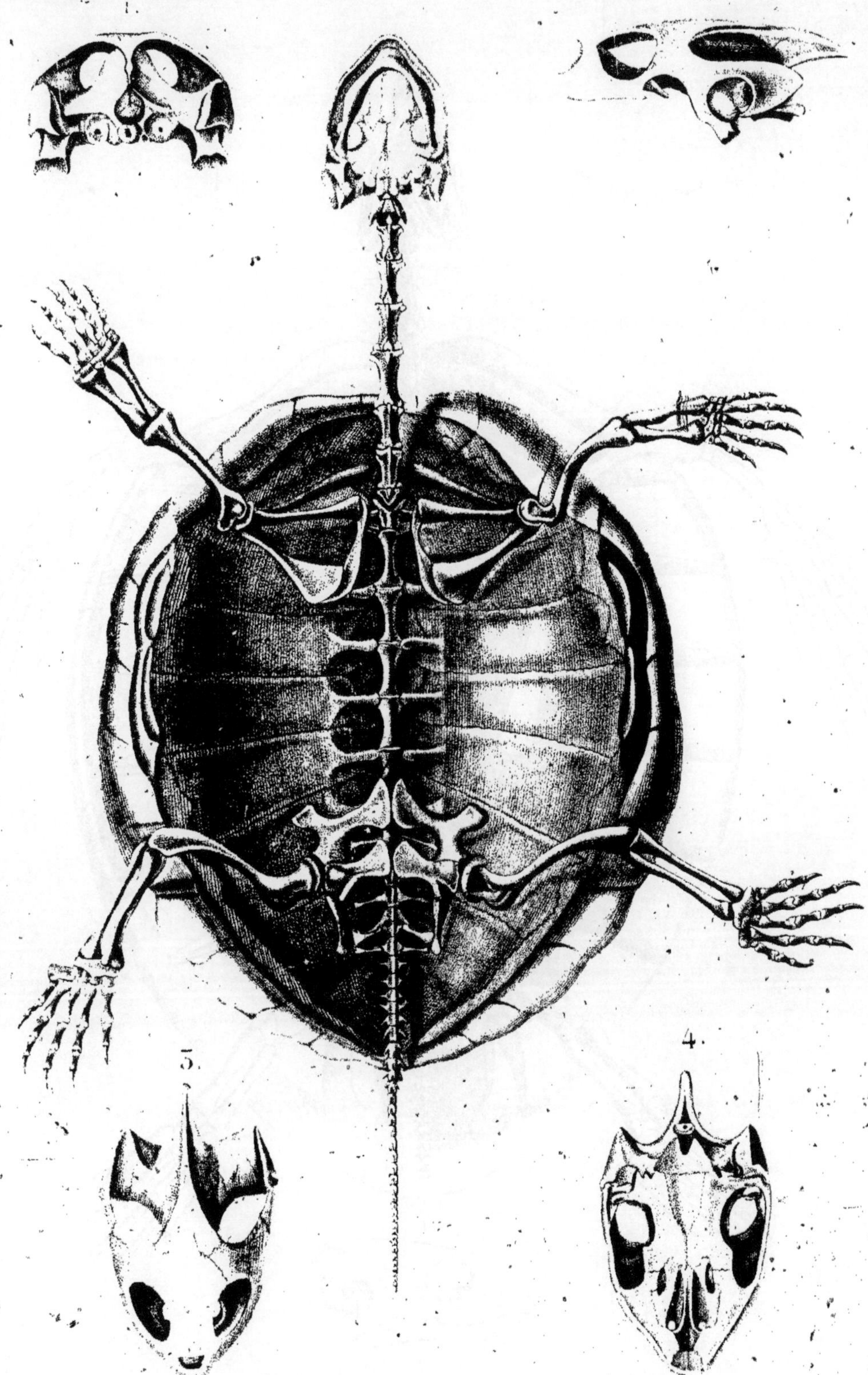

Borromée lit. *Benoit sc.*

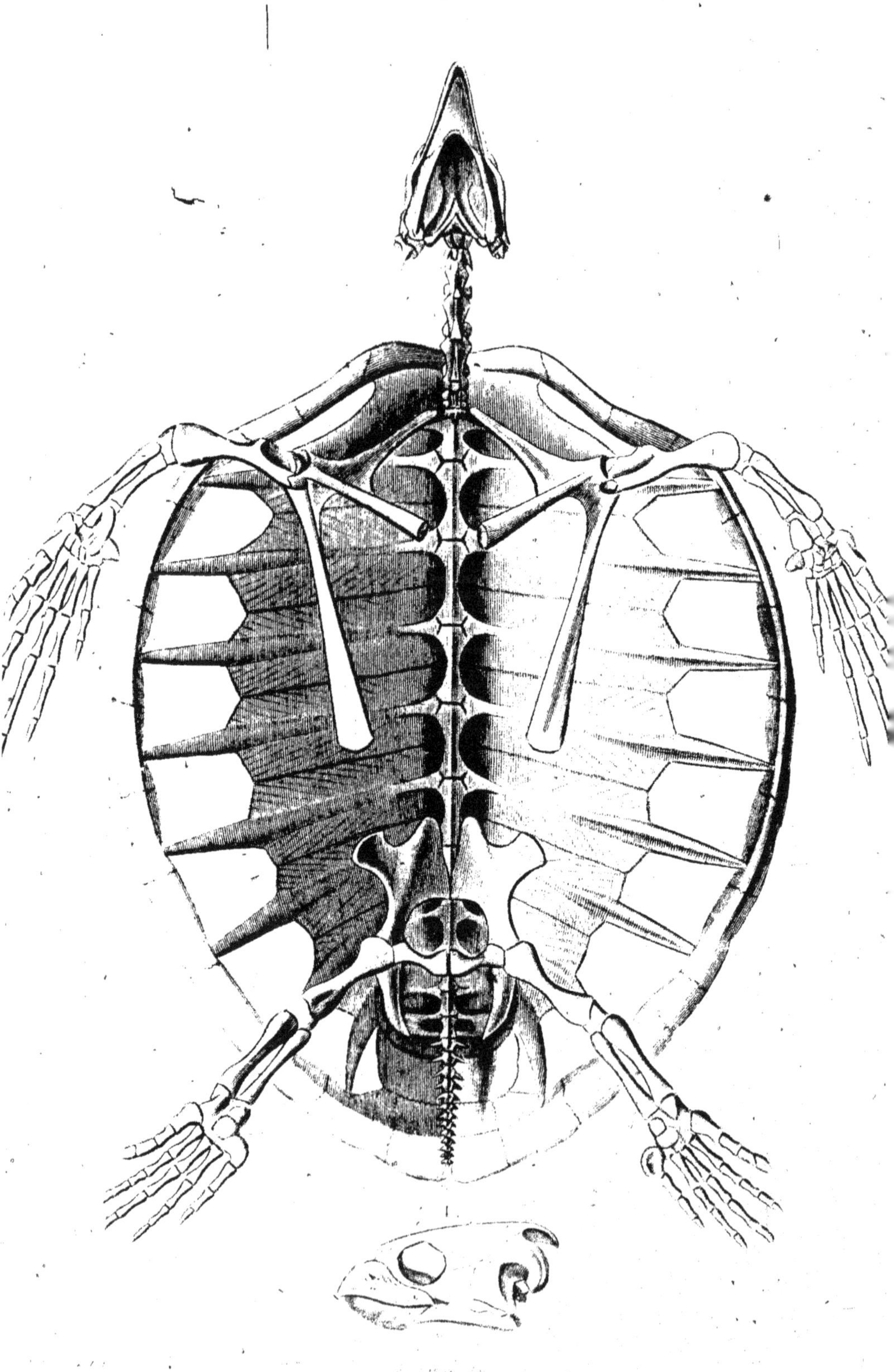

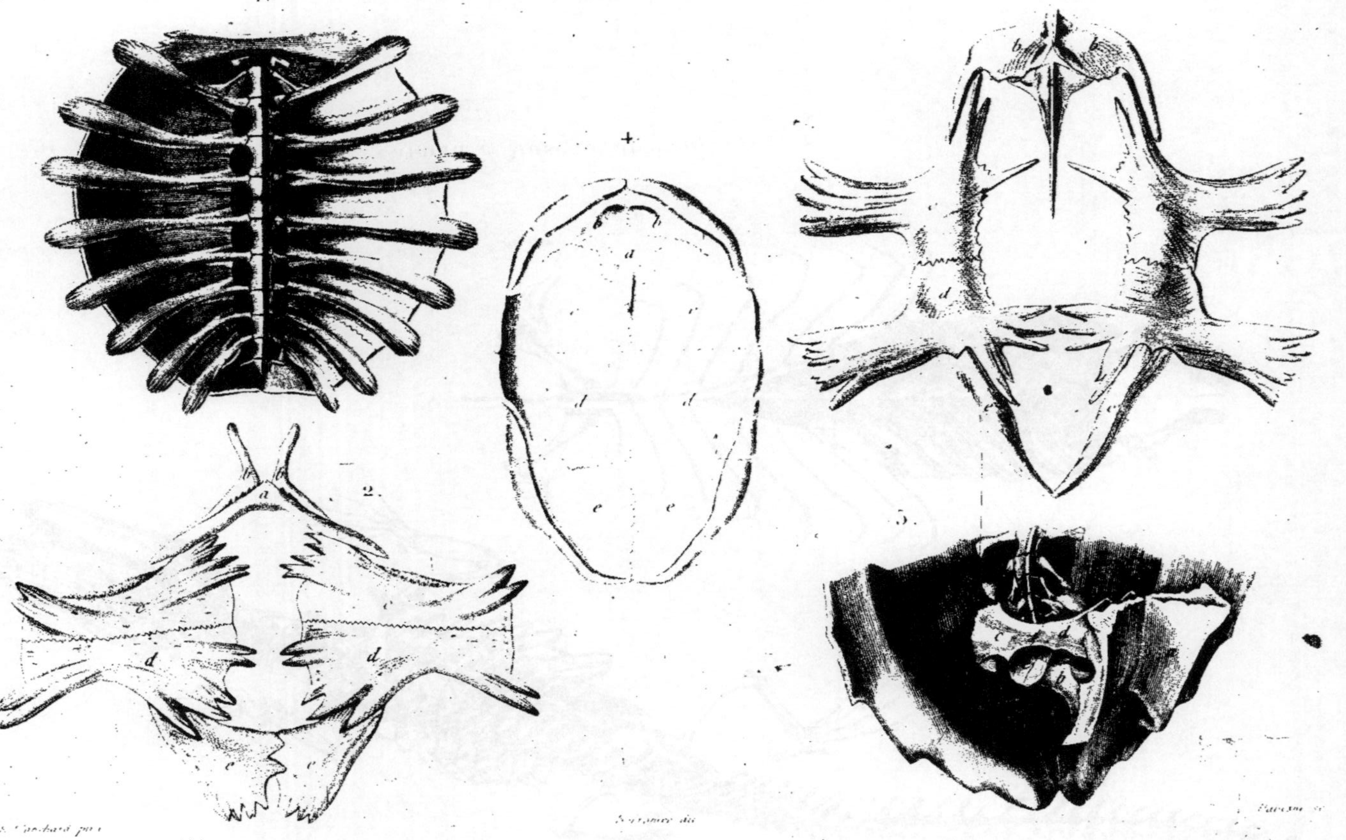

Carapace, Sternums et Bassin de Chéloniens.

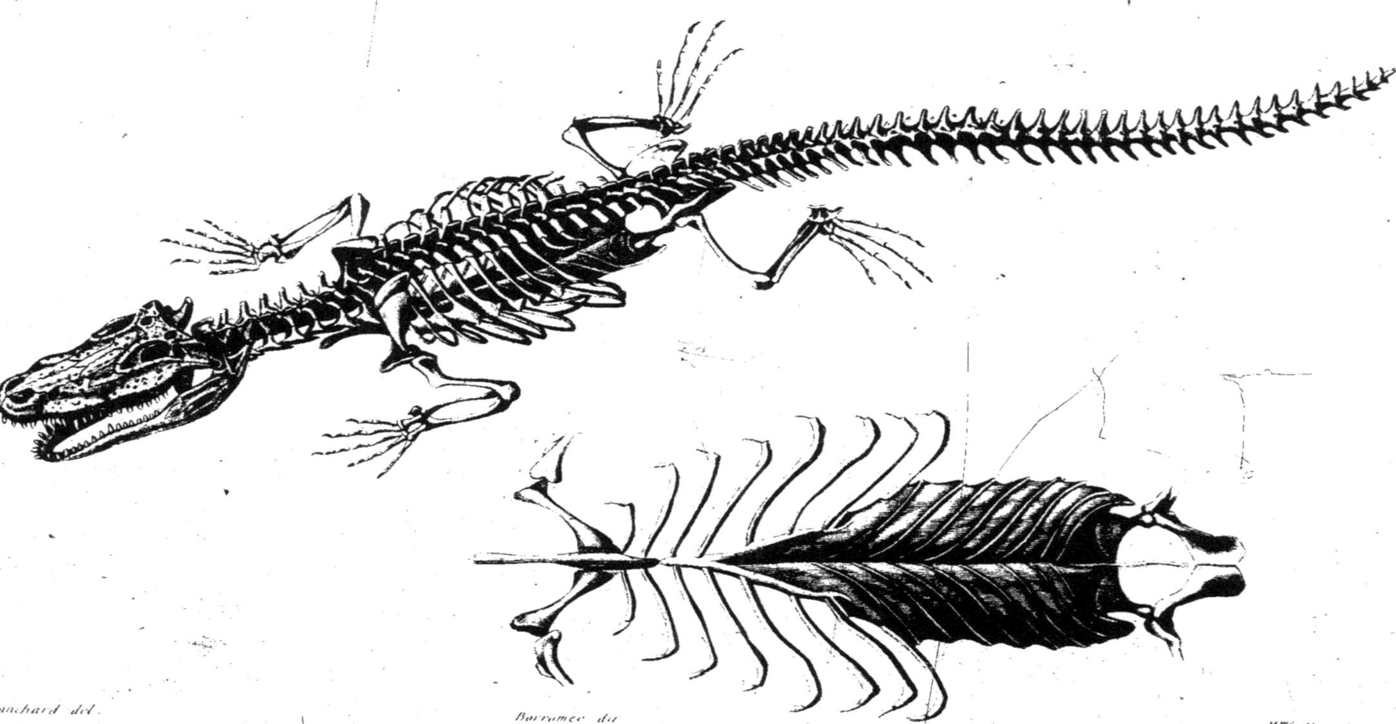

E. Blanchard del. *Borromée dir.* *Mme Fournier sc.*

Caïman à Museau de Brochet.

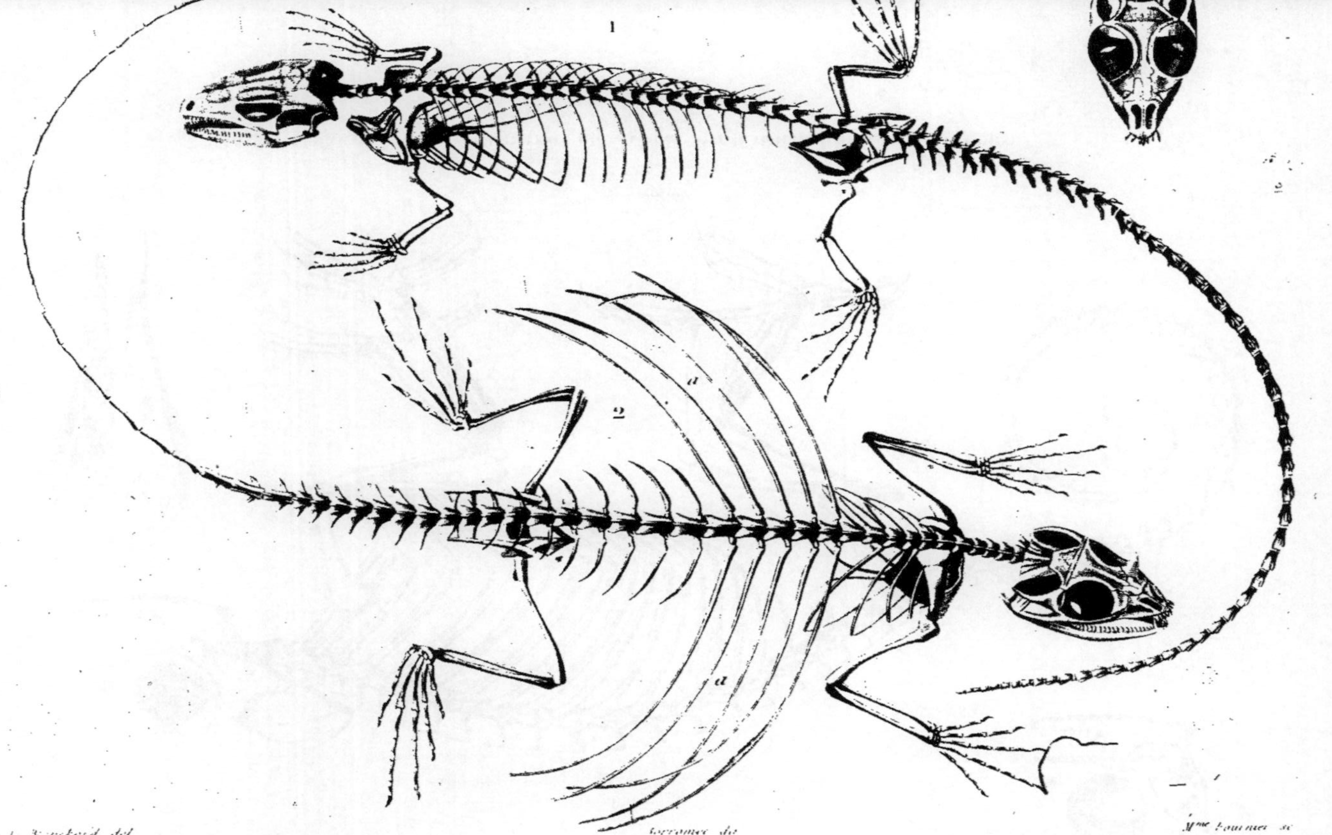

1. Lézard vert piqueté. 2. Dragon frangé.

1.

2.

5.

Prevost del.

Boismée dir.

Breton sc.

Caméléon ordinaire et têtes du Caméléon nez fourchu.

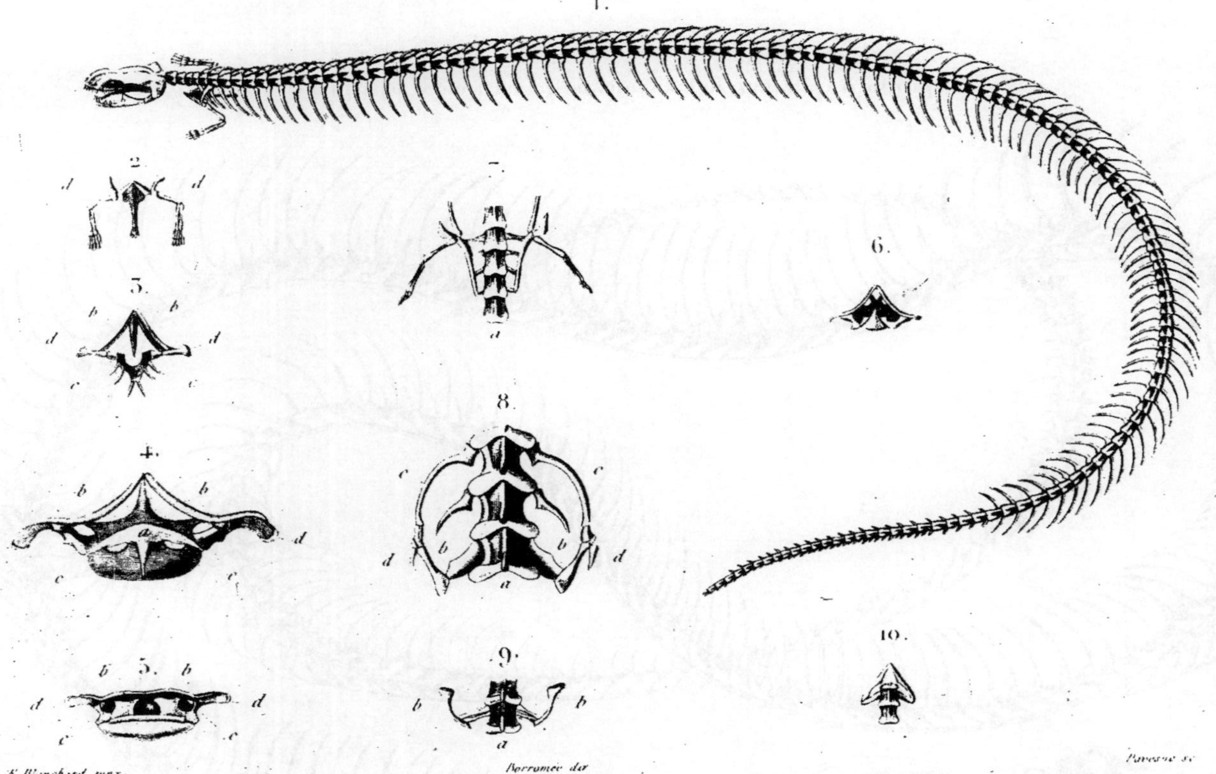

Squelette, Sternums et Bassins de Sauriens urobènes.

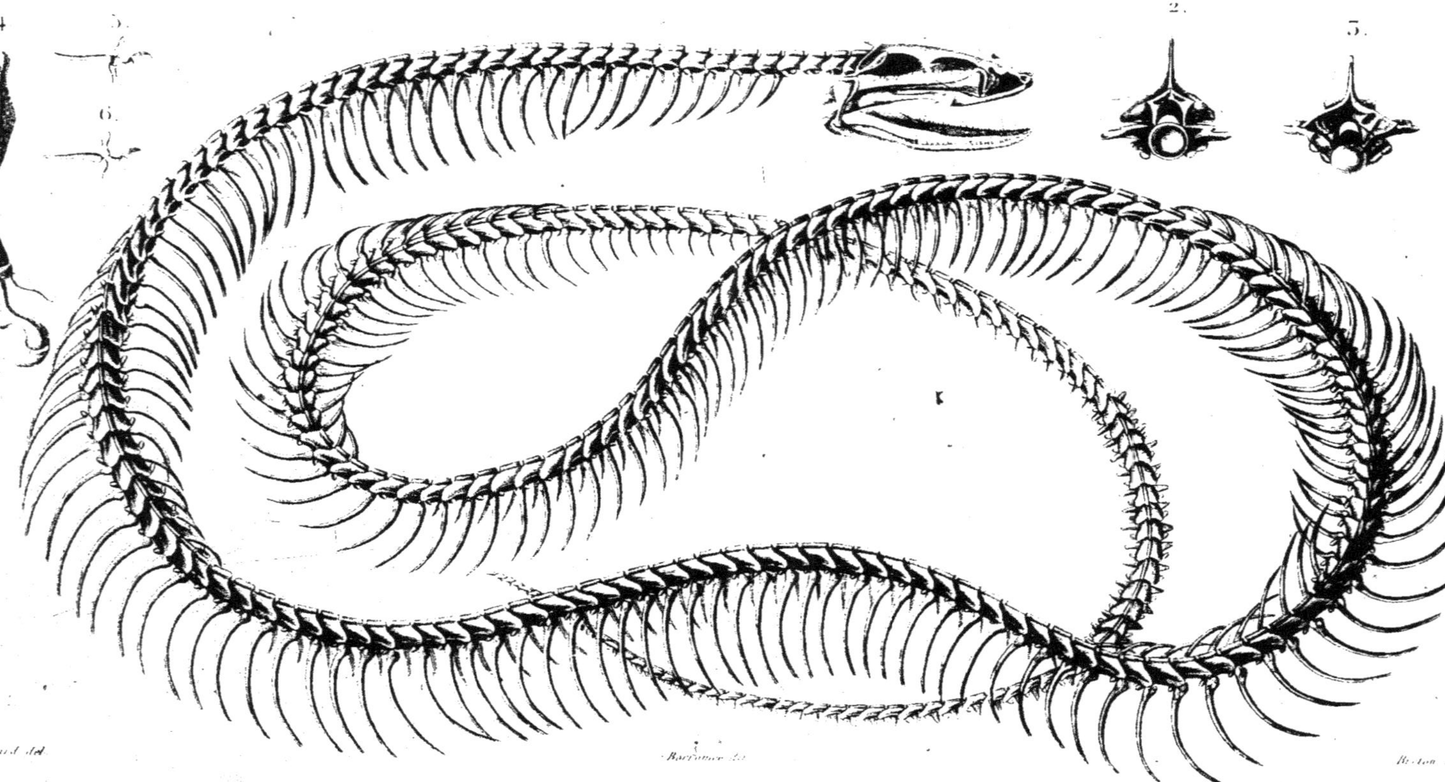

Couleuvre à collier et membres postérieurs d'ophidiens.

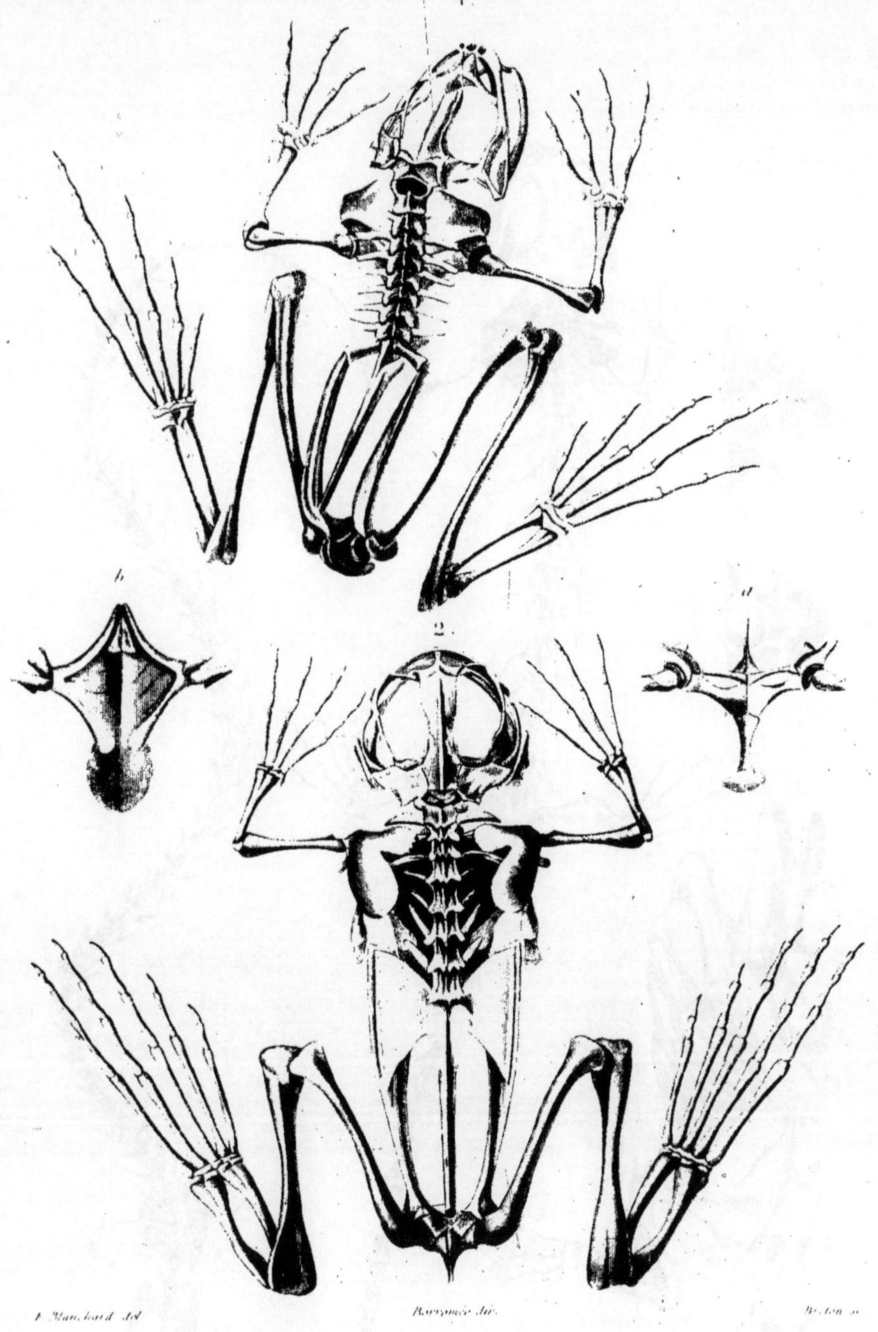

1. Grenouille commune. 2. Dactylèthre de Delalande.

3. 4. 5.

1.

2.

1. Salamandre commune. 2. Sirène Lacertine.

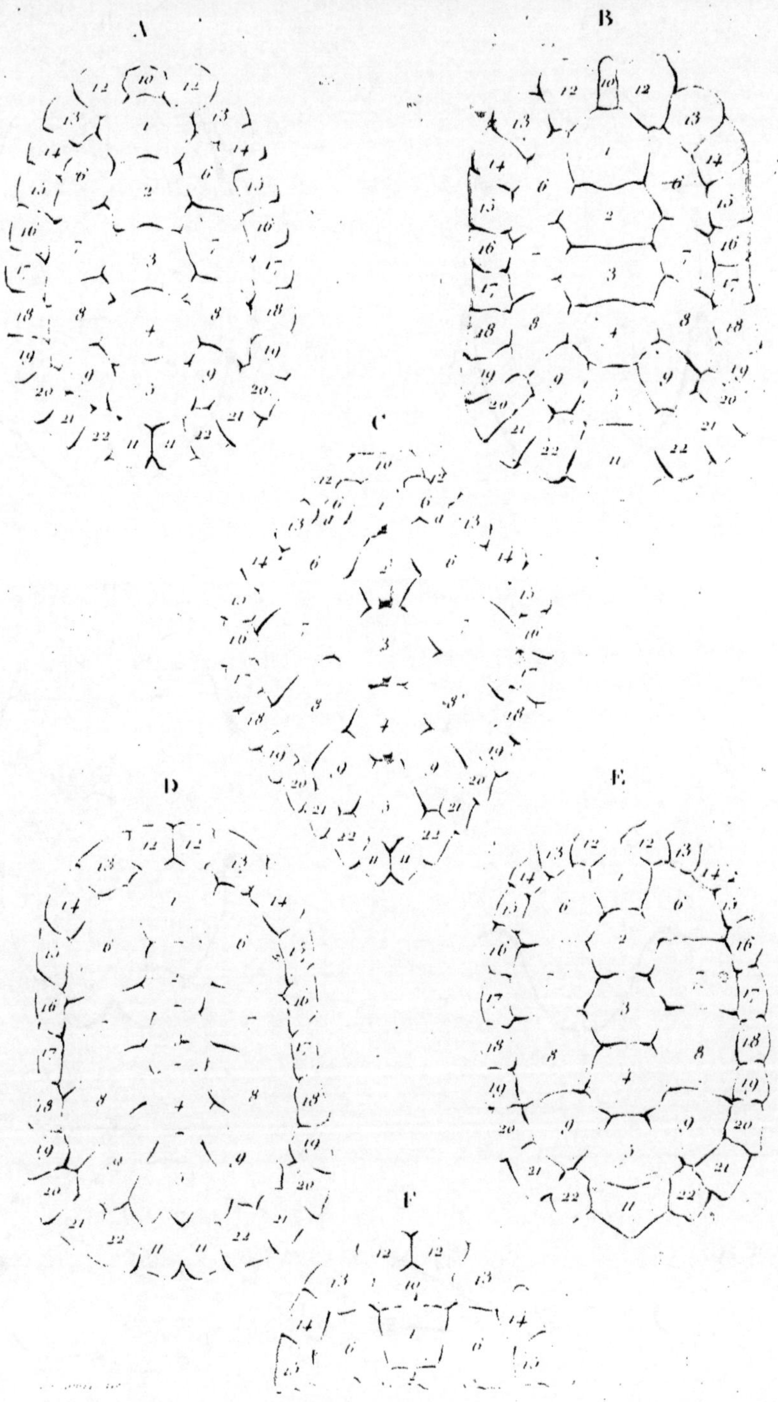

CARAPACES de

A. Emyde d'Europe

D. Pentonyx du Cap.

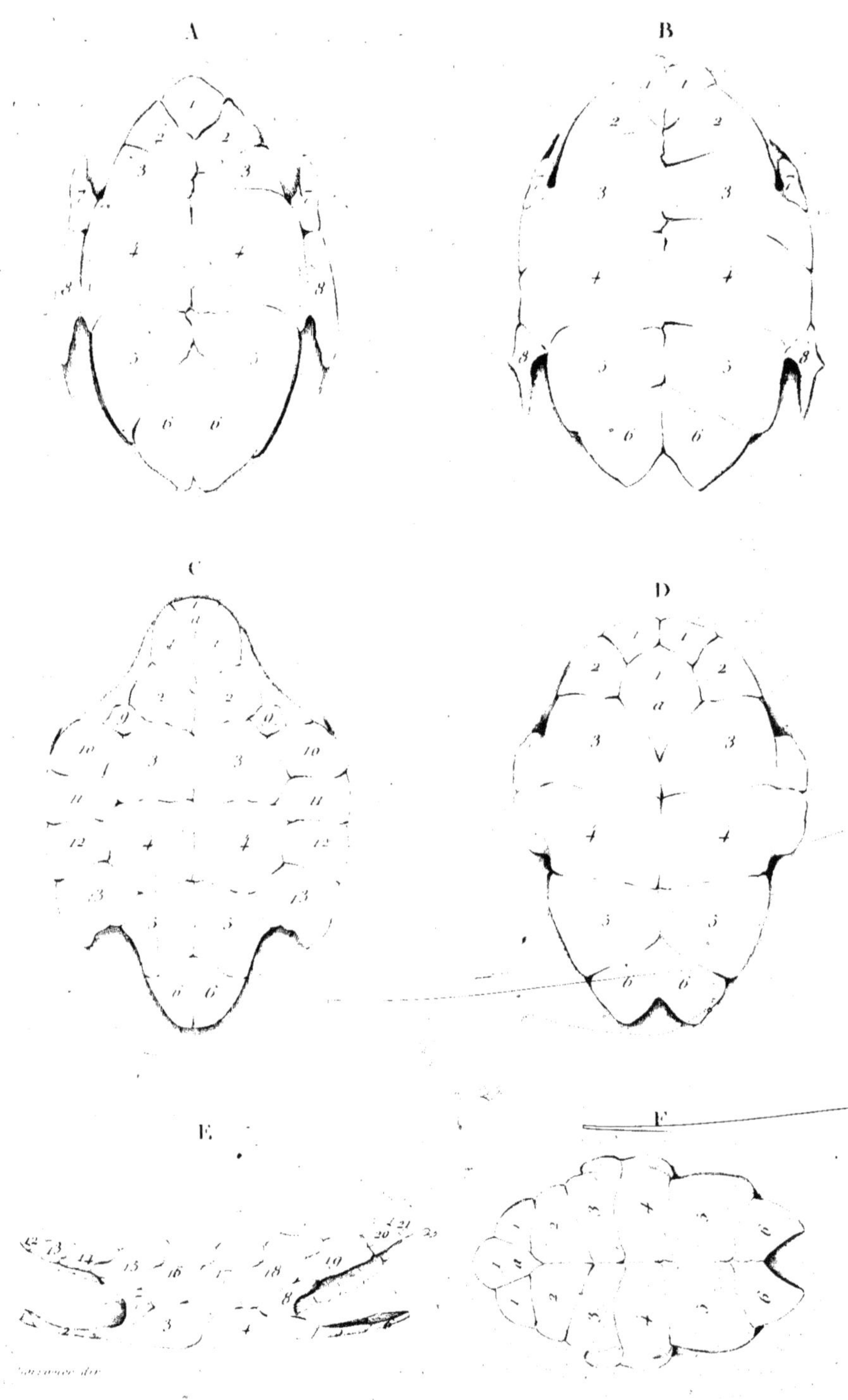

PLASTRONS de

A Cinosterne Scorpioïde. D Chélodine de la Nouvelle Hollande.

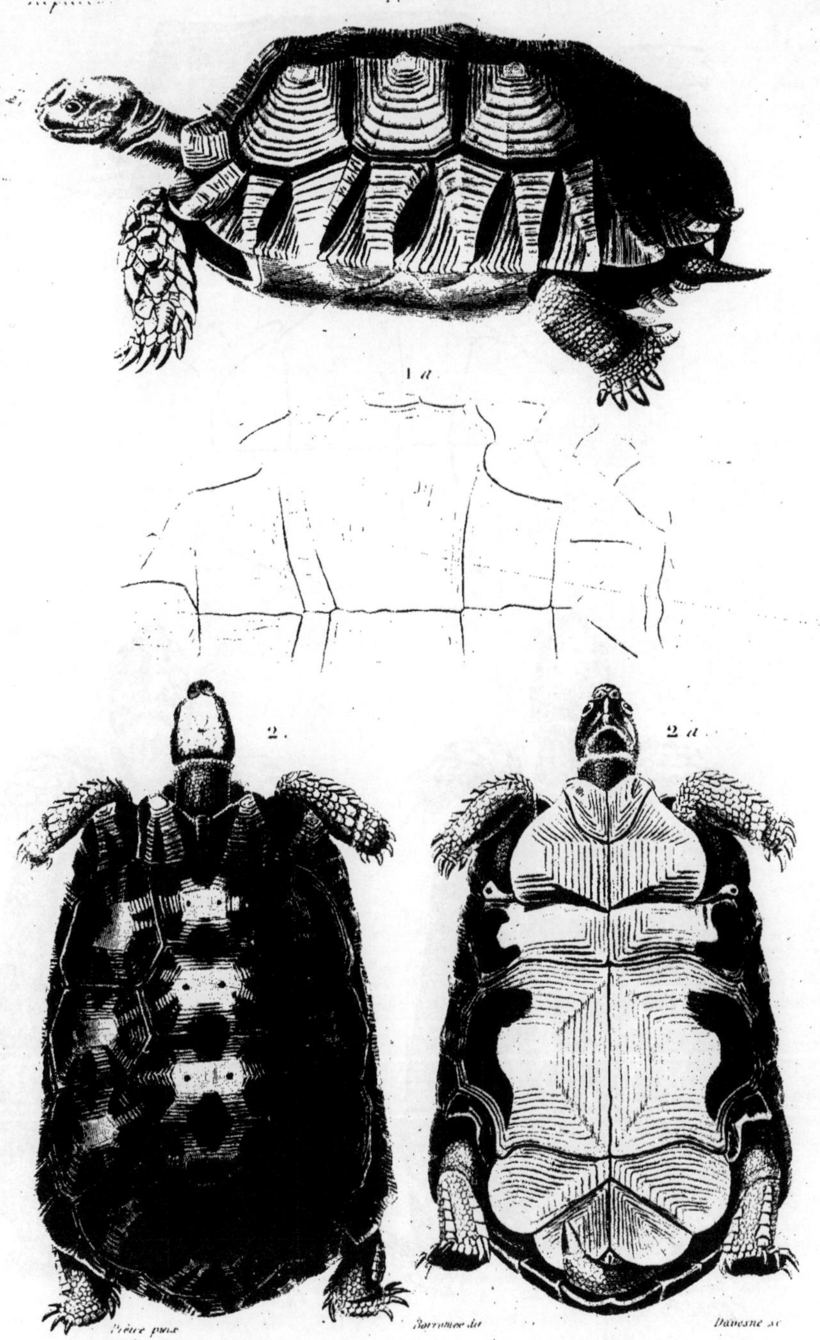

Prêtre pinx *Borromée dir* *Dunesne sc*

1. Tortue sillonnée. *Testudo sulcata. N.º 7, pag. 74, 2.e Volume.*

1 *a* son Sternum tronqué.

2. Pyxide arachnoïde. *Pyxis arachnoides. N.º 1, pag. 156, 2.e Vol.*

2 *a*. la même vue en dessous.

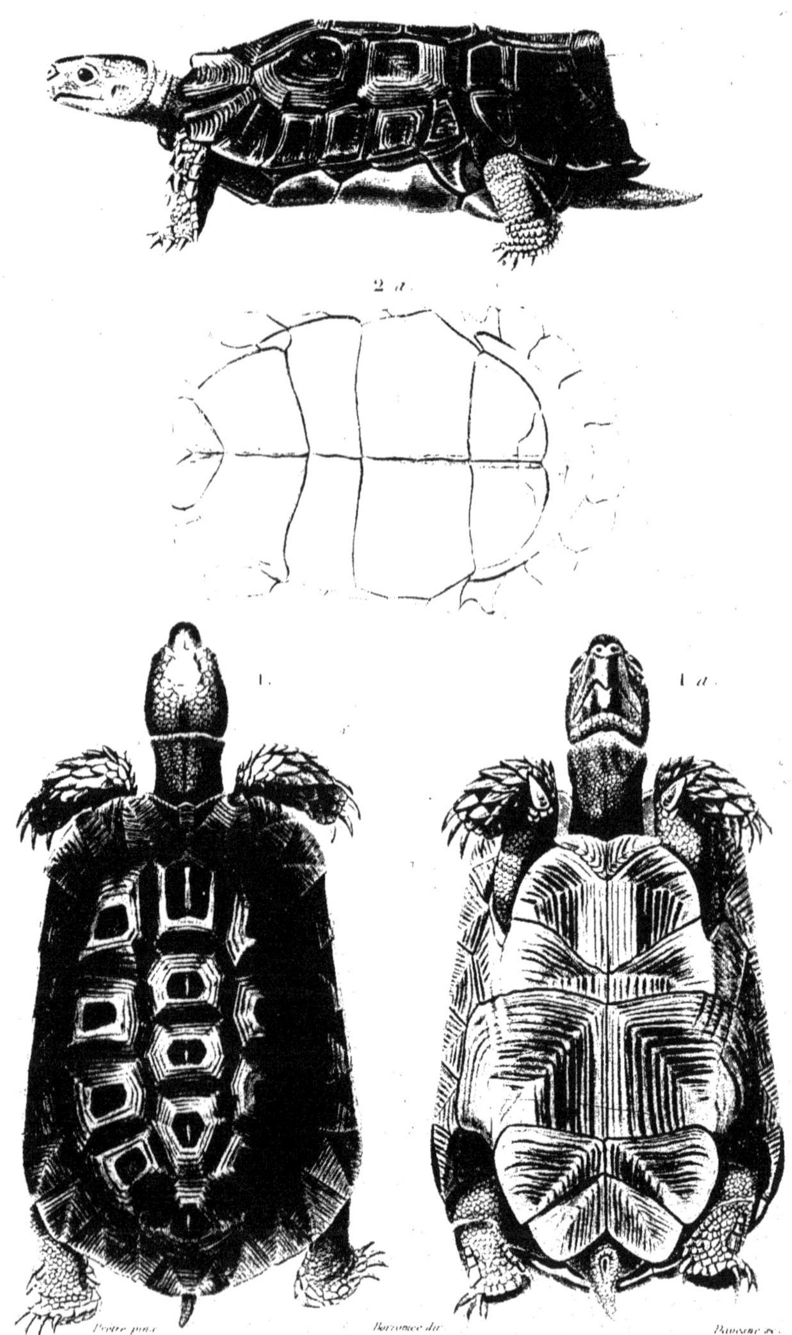

1. Homopode aréolé. *Homopus areolatus. N.° 1, pag. 146, 2.e Vol.*

1 a. le même vu en dessous.

2. Cinixys de home. *Cinixys homeana. N.° 1, pag. 161, 2.e Volume*

2 a. son Sternum.

1 a

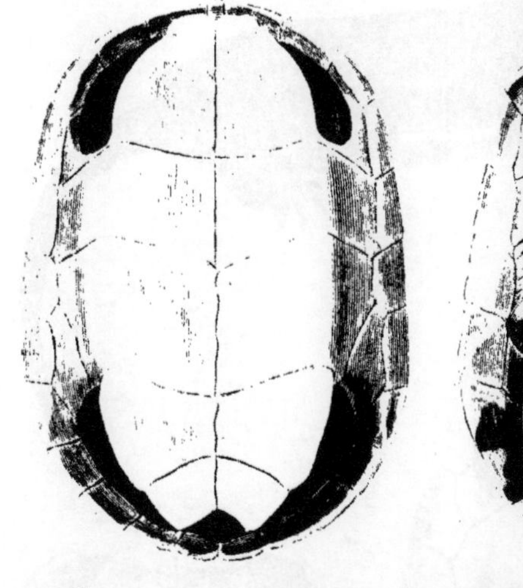

2 a.

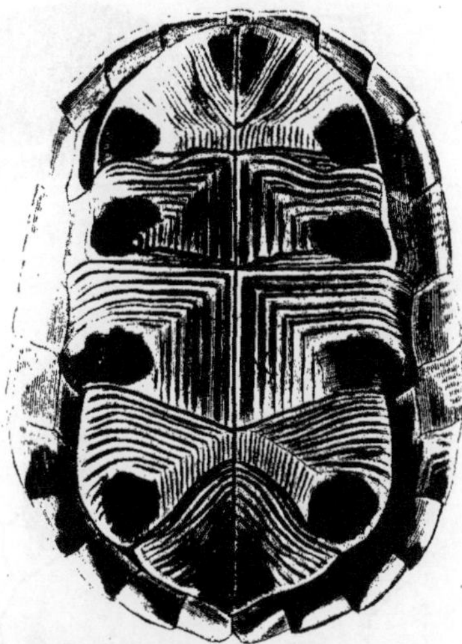

2.

Pretre pinx. Borromée dir. Davesne sc.

1. Emyde ocellée. *Emys ocellata. N° 32, pag. 329, 2e Volume.*

1 a. son Sternum.

2. Cistude d'Amboine. *Cistuda amboinensis. N° 2, pag. 215, 2e Vol.*

2 a. son Sternum.

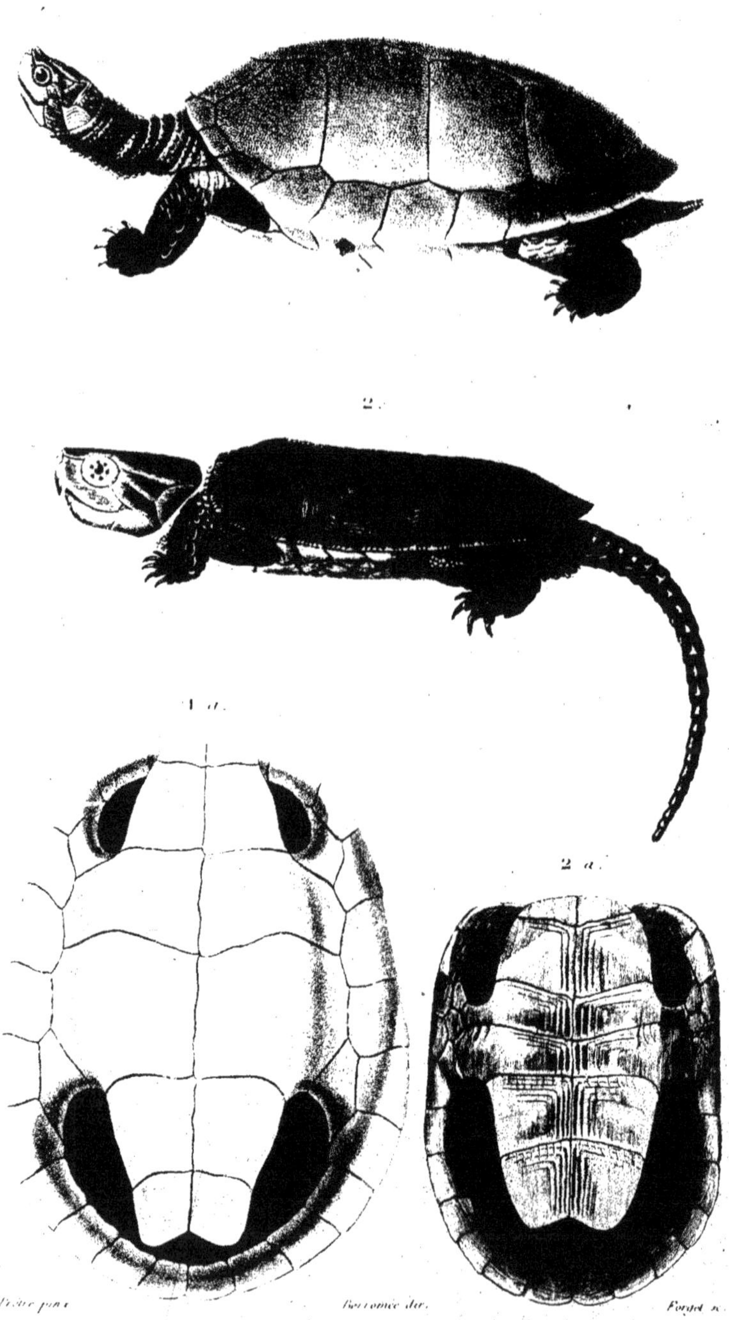

2.

1 *a*.

2 *a*.

Prêtre pinx. *Borromée dir.* *Forget sc.*

1. Tétronyx de Lesson. *Tom. 2, pag. 338, N° 1.*

1 *a*. son Sternum.

2. Platysterne mégacéphale. *Tom. 2, pag. 344, N° 1.*

2 *a*. son Sternum.

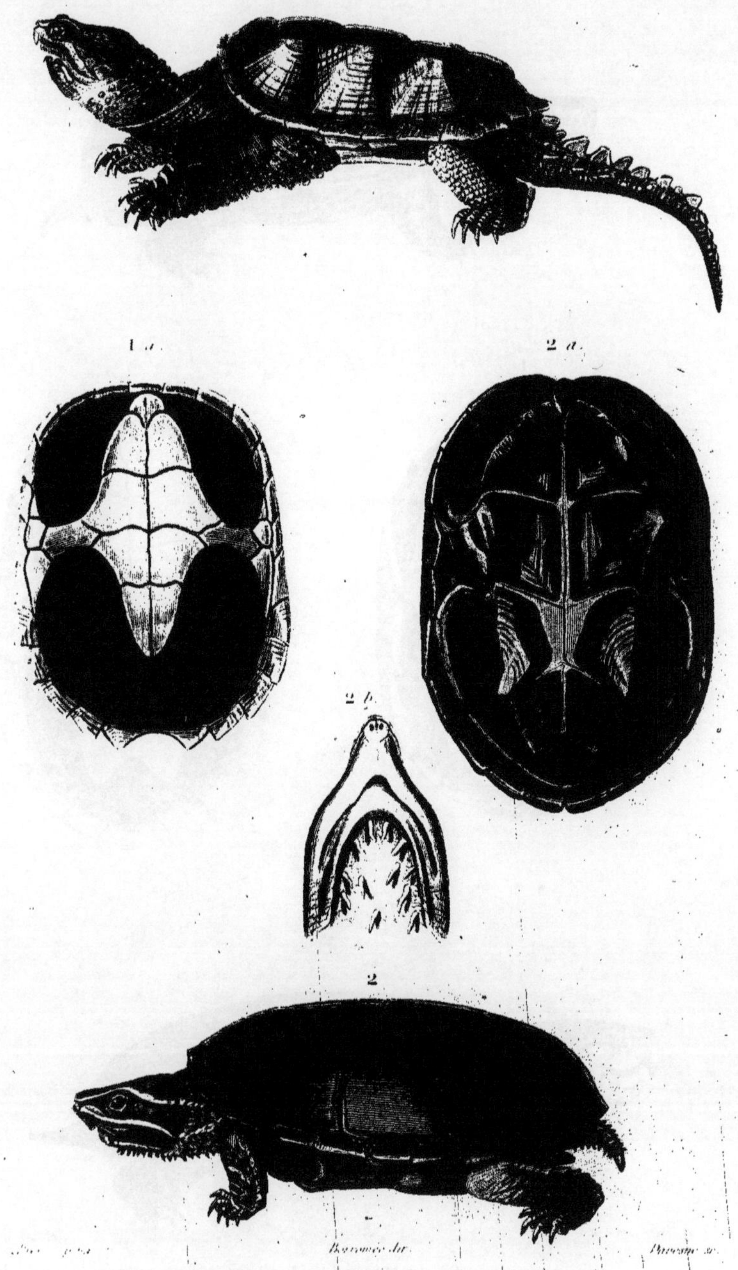

1. **Emysaure serpentine.** *Tom. 2, pag. 350, N° 1.*

1 *a.* son Sternum.

2. **Staurotype musqué.** *Tom. 2, pag. 358, N° 2.*

2 *a.* son Sternum. 2 *b.* sa tête vue en dessous.

1 a.

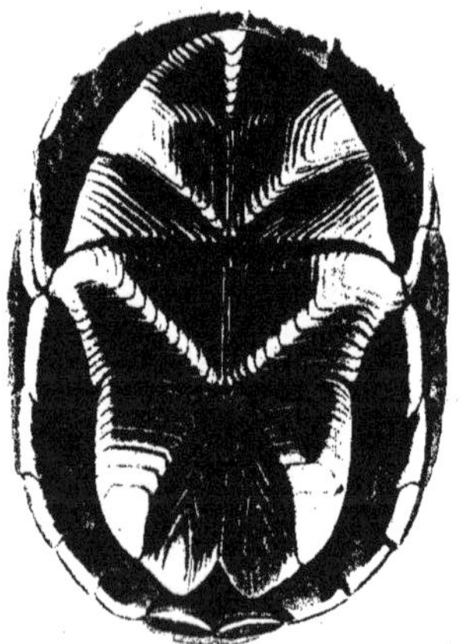

2 a.

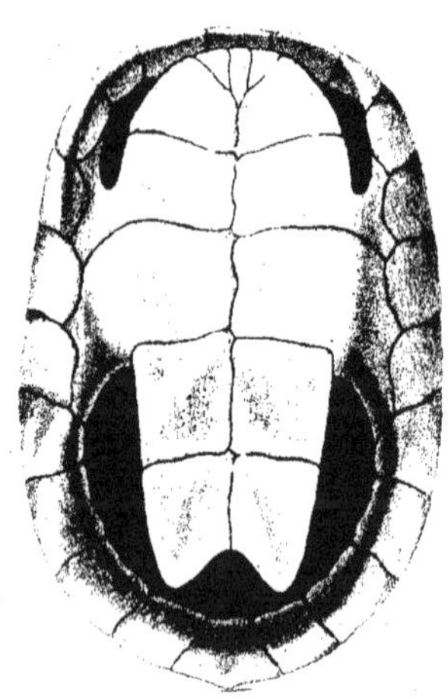

2.

Prêtre pinx. Borromée dir. Forget sc.

1. Cinosterne de Pensylvanie. *Tom. 2, pag. 367, N.º 2.*

1 *a*. son Sternum.

2. Peltocéphale tracaxa. *Tom. 2, pag. 378, N.º 1.*

2 *a*. son Sternum.

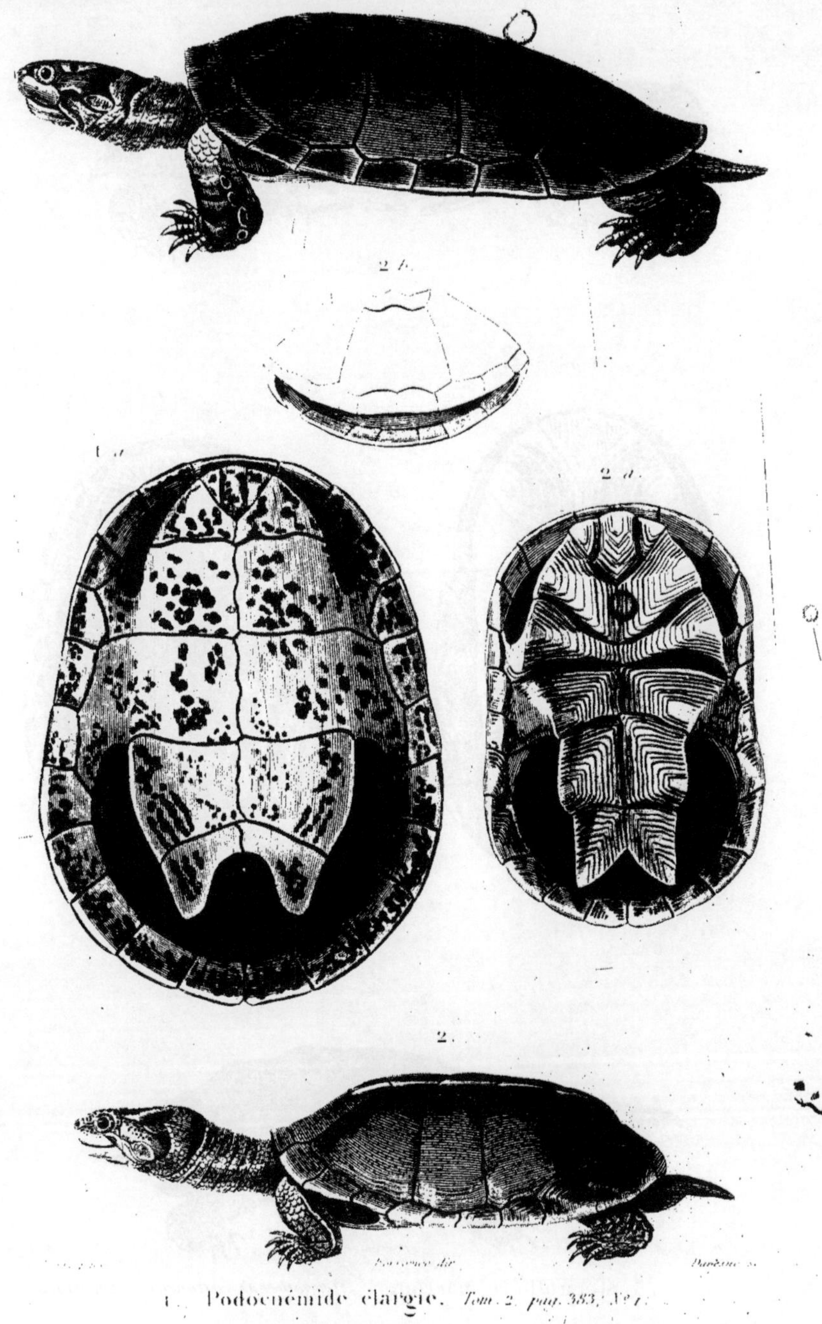

1. Podocnémide élargie. *Tom. 2. pag. 383, Nº 1.*

1 *a*. son Sternum.

2. Pentonyx du Cap. *Tom. 2, pag. 390, Nº 1.*

2 *a*. son Sternum. 2 *b*. la Carapace vue en avant.

1 a.

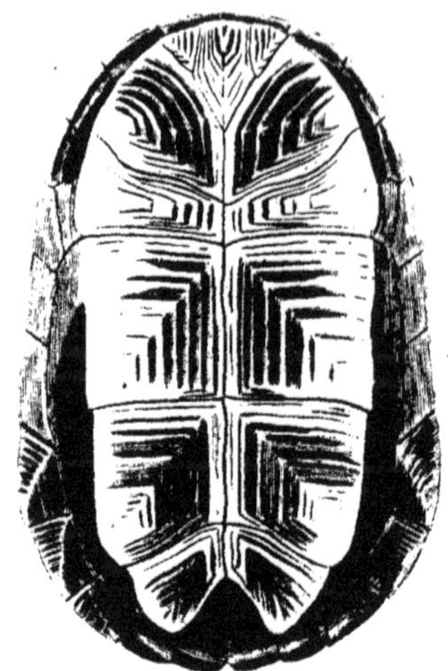

2 a.

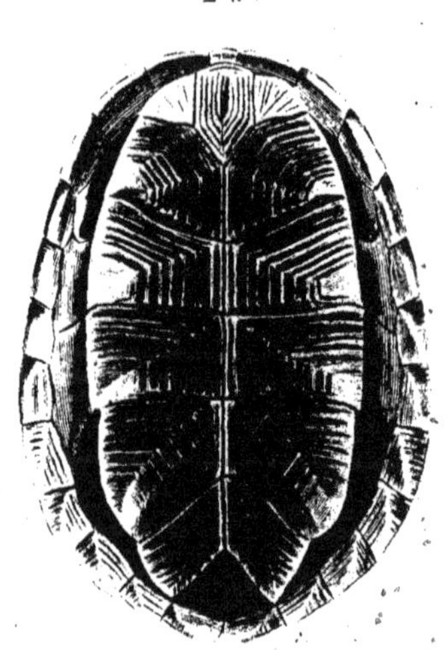

2.

Prêtre pinx. Borromée dir. Pâvesne sc.

1. Sternothère marron. *Sternotherus castaneus.* N°3, pag. 401, 2e Vol.

1 a. son Sternum.

2. Platémyde bossue. *Platemys gibba.* N°4, pag. 416, 2e Volume.

2 a. son Sternum.

1. Chélyde matamata jeune. Tom. 2, pag. 455, N°1

2. Chélodine de la nouvelle Hollande. Tom. 2, pag. 443, N°1.

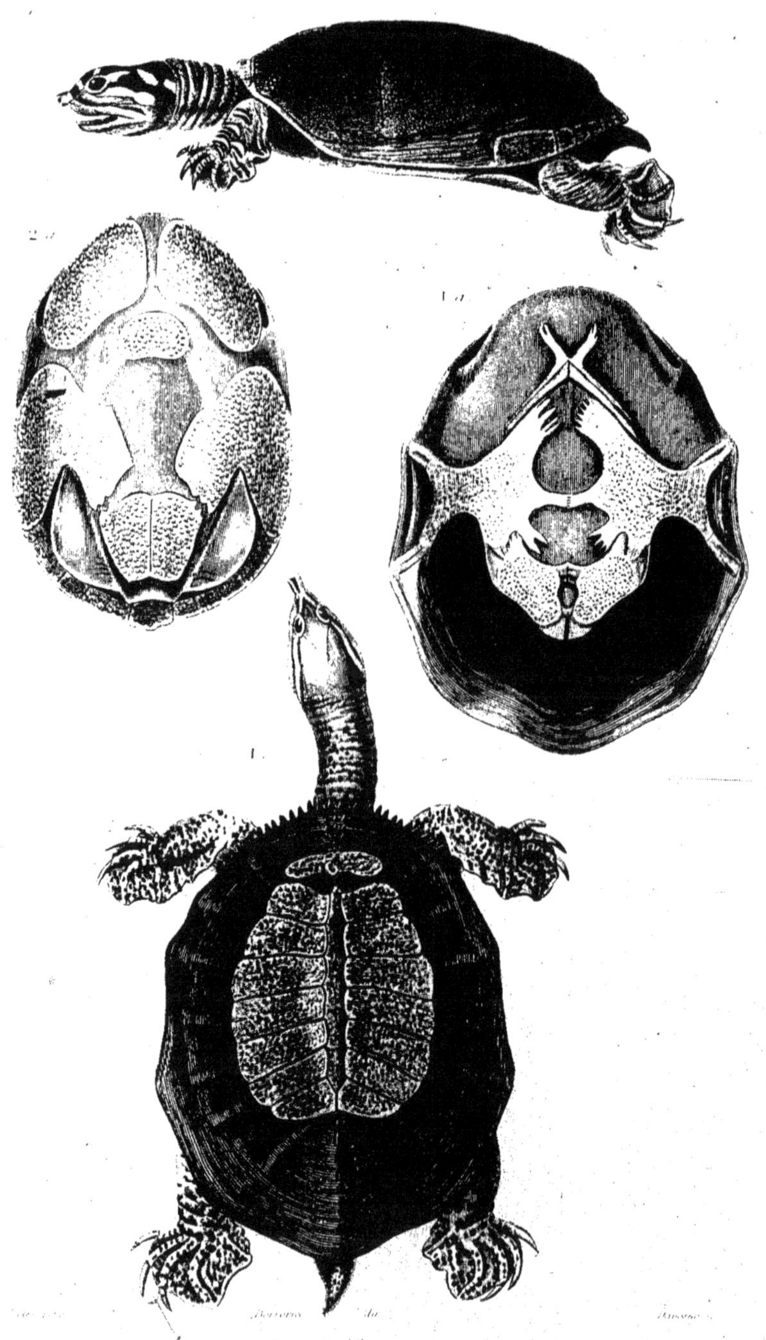

1. Gymnopode spinifère. *Tom. 2, pag. 477, N° 1.*

1 *a.* son Sternum.

2. Cryptopode chagriné. *Tom. 2, pag. 501, N° 1.*

2 *a.* son Sternum.

Prêtre pinx. Borromée del. Forget sc.

1. Chélonée marbrée. *Tom. 2, pag. 546, N.º 4.*

1 *a*. la tête vue en dessus.

2. Chélonée imbriquée. *Tom. 2, pag. 547, N.º 5.*

2 *a*. son Sternum. 2 *b*. tête vue en dessus.

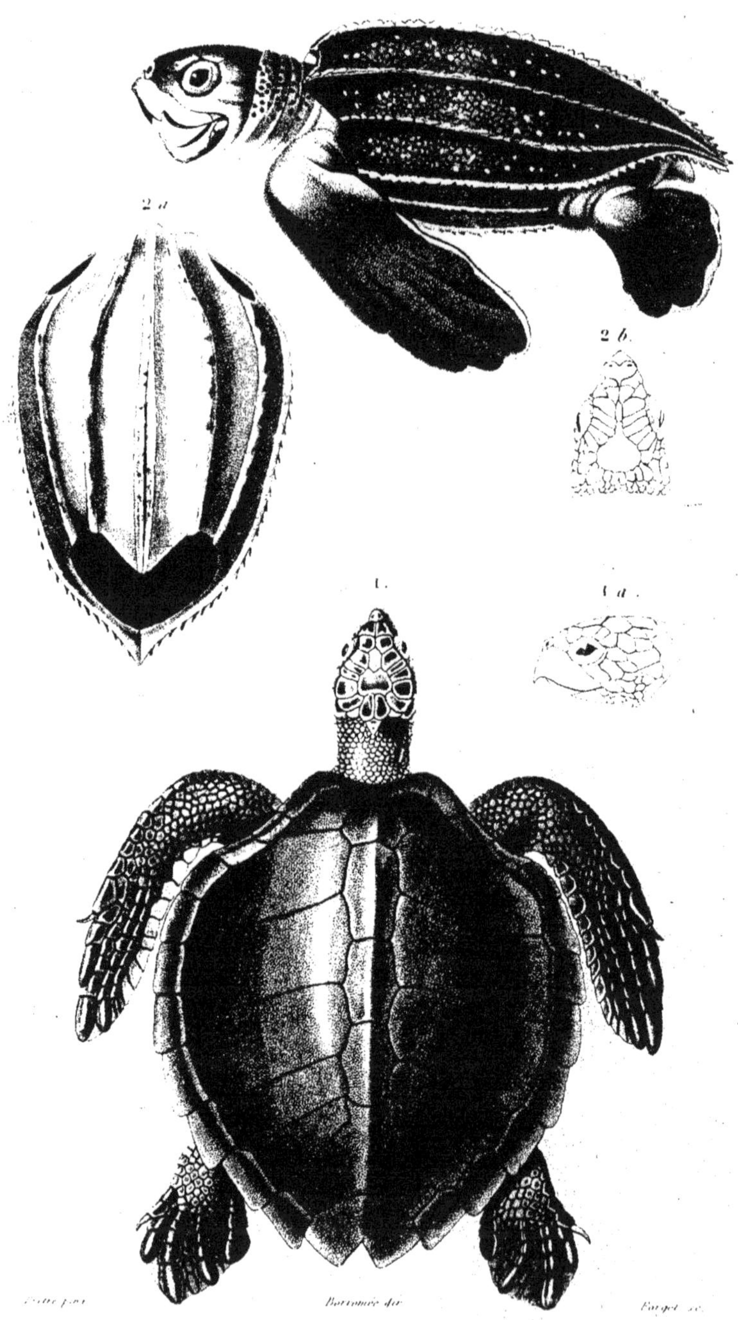

1\. Chélonée de Dussumier. *Tom. 2, pag. 557, N.º 7.*

1 *a*. la tete vue de profil.

2\. Sphargis Luth. *Tom. 2, pag. 560, N.º 1.*

2 *a*. son Sternum. 2 *b*. tête d'un jeune individu.

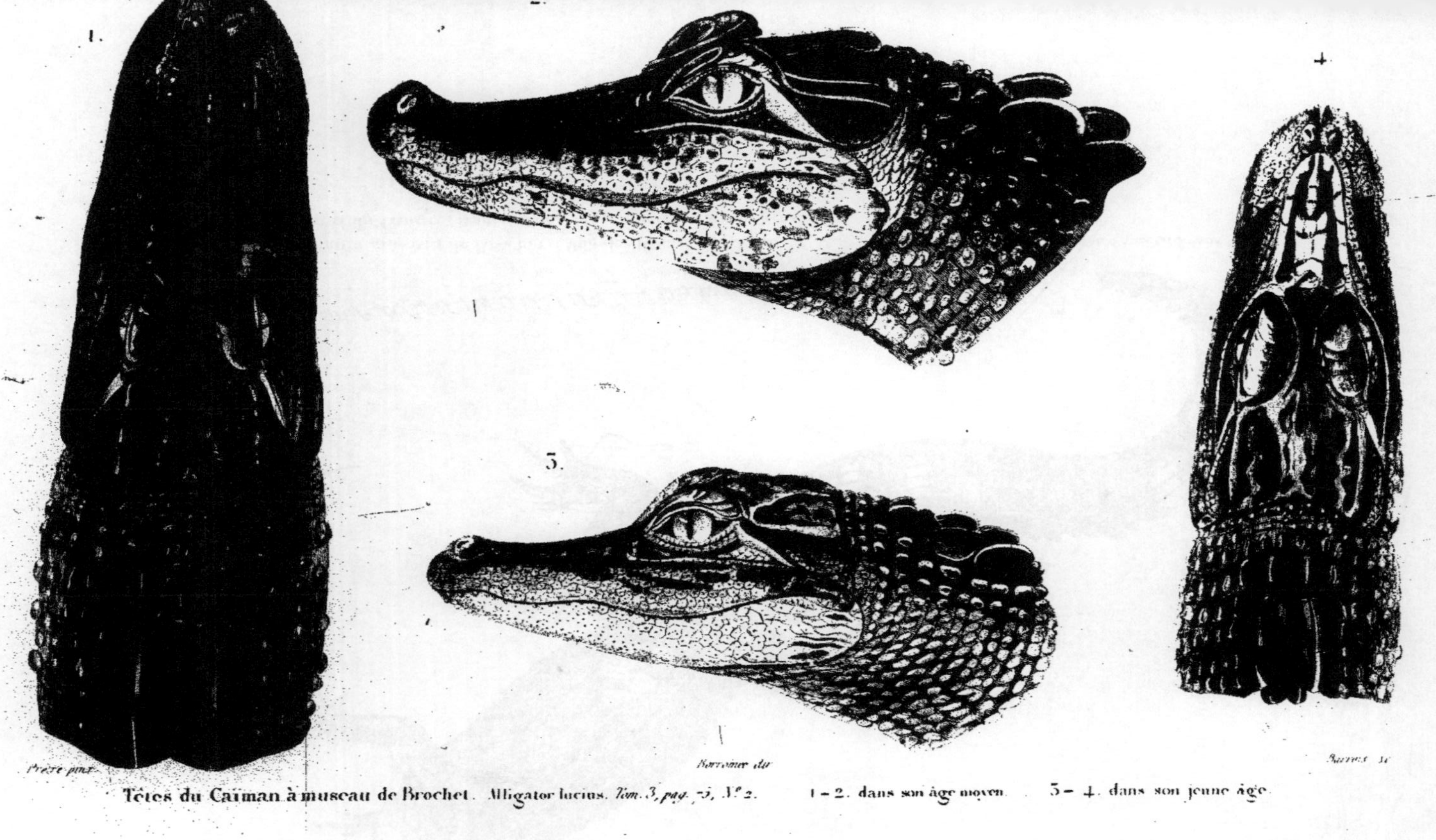

Têtes du Caïman à museau de Brochet. Alligator lucius. Tom. 3, pag. 75, N.º 2. 1–2. dans son âge moyen. 3–4. dans son jeune âge.

1. Caïman à museau de Brochet, Alligator lucius. Tom. 3, pag. 73, N° 2. 1 a. La tête et le cou du même vus en dessus.
2. Gavial du Gange (Profil de la tête du) Gavialis Gangeticus. Tom. 3, pag. 134, N° 1.

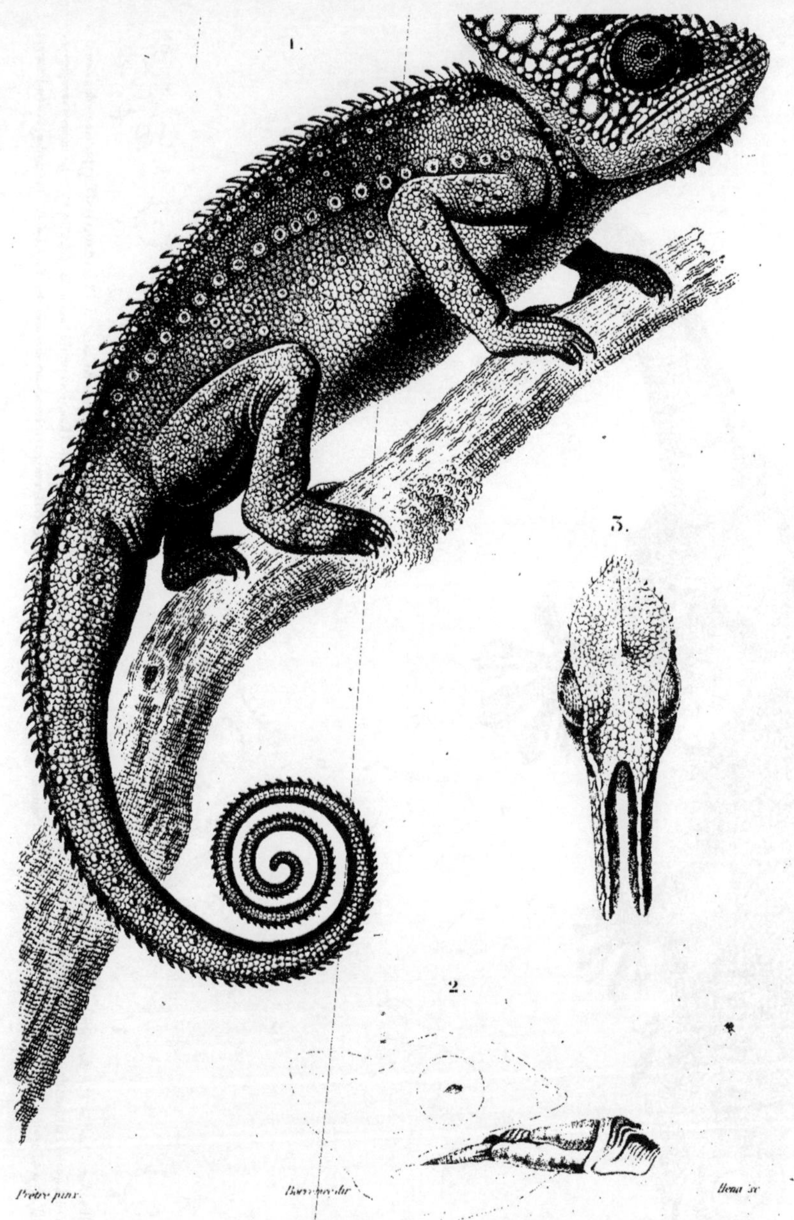

Prêtre pinx. *Borromée dir.* *Hena sc.*

1. Caméléon verruqueux. Chamæleo verrucosus, *Tom. 3, pag. 210, N.° 2.* 2. Caméléon du Sénégal. (Tête et Langue du) Chamæleo Senegalensis, *Tom. 3, pag. 221, N.° 7.* 3. Caméléon à nez fourchu. (Tête du) Chamæleo bifidus. *Tom. 3, pag. 233, N.° 13.*

1 Platydactyle des Seychelles *Tom. 3, pag. 310, N°5.* 1 *a*. un de ses doigts vu en dessous. 2 Platydactyle Cépédien (main du *Tom. 3, pag. 310, N°2.* 2 *a*. un doigt vu en dessous. 3. Platydactyle d'Egypte (main du) *Tom. 3, pag. 322, N°9.* 3 *a*. un doigt vu en dessous. 4 Platydactyle à gouttelettes (main du) *Tom. 3, pag. 328, N°12.* 4 *a*. un doigt vu en dessous. 5 Platydactyle Homalocéphale (main du) *T. 3, p. 339, N°17.* 5 *a*. un doigt vu en dessous. 6 Platydactyle de Leach (main du) *T. 3, p. 315, N°6.* 6 *a*. un doigt vu en dessous. 7 Hemidactyle Oualien (main de l') *T. 3, p. 310, N°1.* 7 *a*. un doigt vu en dessous. 8 Hemidactyle à écailles trièdres (main de l') *T. 3, p. 356, N°5.* 8 *a*. un doigt vu en dessous.

1. Platydactyle Homalocéphale. *Tome III. pag. 339. N° 7.* 1 a. Extrémité du tronc et origine de la queue en dessous.

1. Ptyodactyle rayé. *Tome III, pag. 384, N° 3.* 1 a. Sa tête vue en dessus. 1 b et 1 c. Les pattes antérieures et postérieures en dessous.

1. Platydactyle Homalocéphale. *Tome III. pag. 339. N° 1.* 1 a. Extrémité du tronc et origine de la queue en dessous.

1. Hémidactyle de Péron. *Tome III pag. 352. N° 2.* 1 a Le trait de la tête en dessus. 1 b La même en dessous.

2. Hémidactyle bordé. *Tome III pag. 370. N° 14.* 2 a Sa tête de profil. 2 b La même en dessous.

1. Ptyodactyle rayé. *Tome III. pag. 384, N°3.* 1 a. Sa tête vüe en dessus. 1 b et 1 c. Les pattes antérieures et postérieures en dessous.

Prêtre del. Bargois sc.

1. Phyllodactyle Strophure. *Tome III. pag 397. N°6.* 1 a. Le trait de grand^r nat^le 1 b. La tête vue de profil et grossie.

2. Sphériodactyle bizarre. *T. III p. 406. N°3.* 2 a. Le trait de grand^r nat^le 2 b. La tête vue en dessus. 2 c. 2 d. Pattes ant. et post. 2 e. Les Écailles.

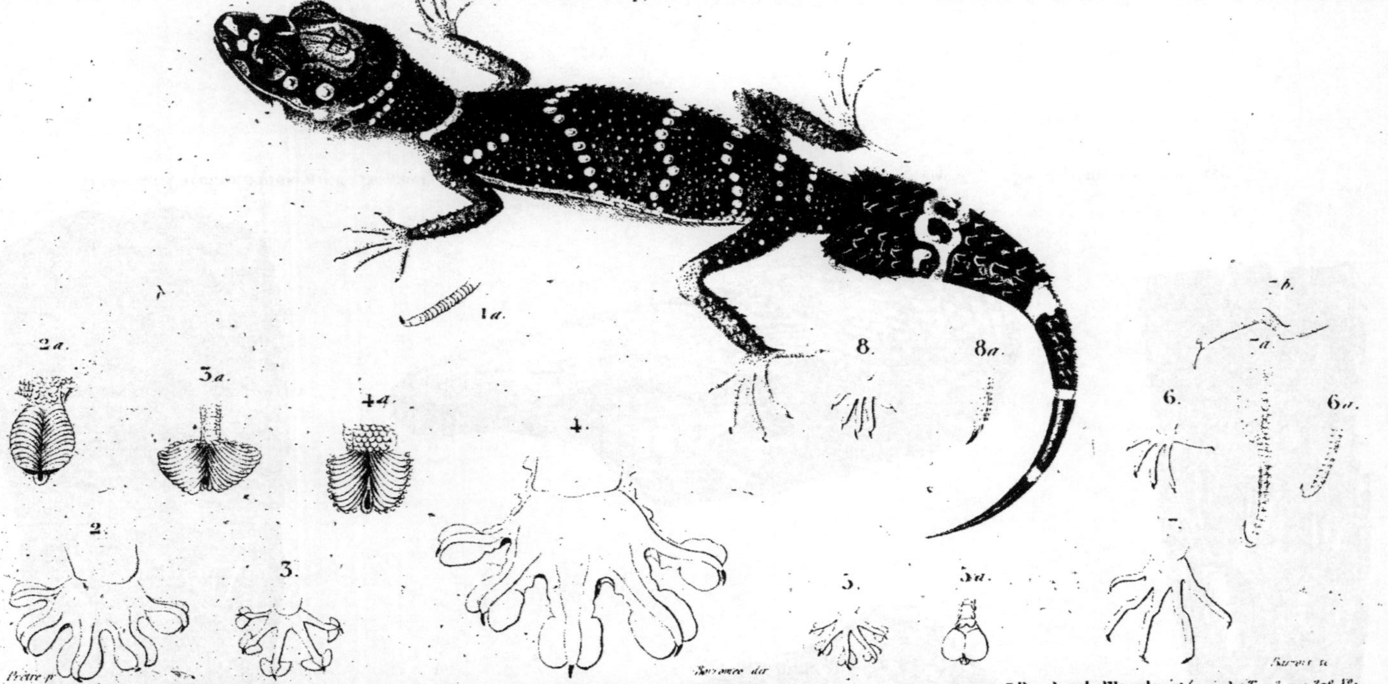

1. Gymnodactyle de Milius, Tom. 3, pag. 430, N.° 13. 1a. un de ses doigts vu en dessous. 2. Platydactyle Théconyx (main du) Tom. 3, pag. 306. N.° 4. 2a. un doigt vu en dessous. 3. Ptyodactyle d'Hasselquist (main du) Tom. 3, pag. 378, N.° 1. 3a. un doigt vu en dessous. 4. Ptyodactyle frangé (main du) Tom. 3, pag. 381, N.° 2. 4a. un doigt vu en dessous. 5. Phyllodactyle porphyré (main du) Tom. 3, pag. 393, N.° 2. 5a. un doigt vu en dessous. 6. Gymnodactyle rude (main du) Tom. 3, pag. 421, N.° 8. 6a. un doigt vu en dessous. 7. Gymnodactyle gentil (main du) T. 3, p. 423, N.° 9. 7a. un doigt vu en dessous. 7b. id. vu de profil. 8. Sténodactyle tacheté. main du T. 3, p. 434. N.° 1. 8a. un d. vu en dess.

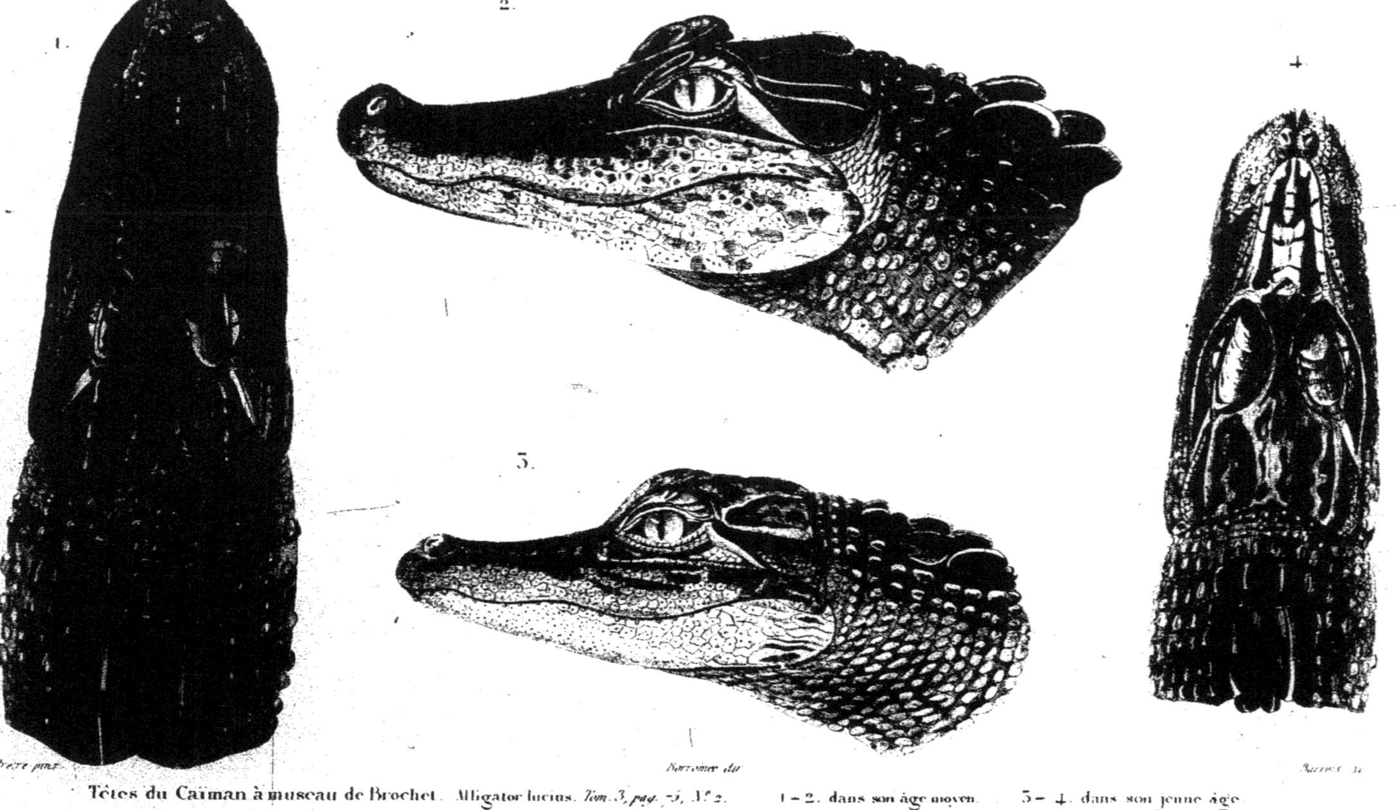

Prêtre pinx. *Borromée dir.* *Barrois sc.*

Têtes du Caïman à museau de Brochet. Alligator lucius. *Tom. 3, pag. 75, N.° 2.* 1 – 2. dans son âge moyen. 3 – 4. dans son jeune âge.

Reptiles.

1. 1 a.

2.

Prêtre pinx *Borromée dir* *Kerros sc*

1. Caïman à museau de Brochet, Alligator lucius. *Tom. 3, pag. 7?, N.º 2.* 1 a. La tête et le cou du même vus en dessus.
2. Gavial du Gange (Profil de la tête du) Gavialis Gangeticus. *Tom. 3, pag. 134, N.º 1.*

Reptiles.

1

2 a 2. 3 a 3. 4 a 4. 1 a.

6.

5. 5 a. 6 a. 8. 8 a. 7 a. 7.

Prêtre pinx. Bévalet del. Barrois sc.

1. Platydactyle des Seychelles Tom. 3, pag. 310 N°5. 1 a. un de ses doigts vu en dessous. 2 Platydactyle Cépédien (main du Tom. 3 pag. 301, N°2. 2 a. un doigt vu en dessous. 3. Platydactyle d'Egypte (main du) Tom. 3, pag. 322. N°9. 3 a. un doigt vu en dessous. 4 Platydactyle à gouttelettes (main du) Tom. 3, pag. 328. N°12. 4 a. un doigt vu en dessous. 5 Platydactyle Homalocéphale (main du) T. 3, p. 339. N°17. 5 a. un doigt vu en dessous. 6 Platydactyle de Leach (main du) T. 3, p. 315 N°6. 6 a. un doigt vu en dessous. 7 Hemidactyle Oualien (main de) T. 3, p. 350. N°1. 7 a. un doigt vu en dessous. 8 Hemidactyle à écailles trièdres (main de l') T. 3, p. 356. N°5. 8 a. un doigt vu en dessous.

Prêtre del. *Bargas sc.*

1. Phyllodactyle Strophure. *Tome III. pag 397. N°6.* 1 *a*. Le trait de grand^r nat^{le} 1 *b*. La tête vue de profil et grossie.

2. Sphériodactyle bizarre. *T. III. p. 406. N°3.* 2 *a*. Le trait de grand^r nat^{le} 2 *b*. La tête vue en dessus. 2 *c*. 2 *d*. Pattes ant. et post. 2 *e*. Les Ecailles.

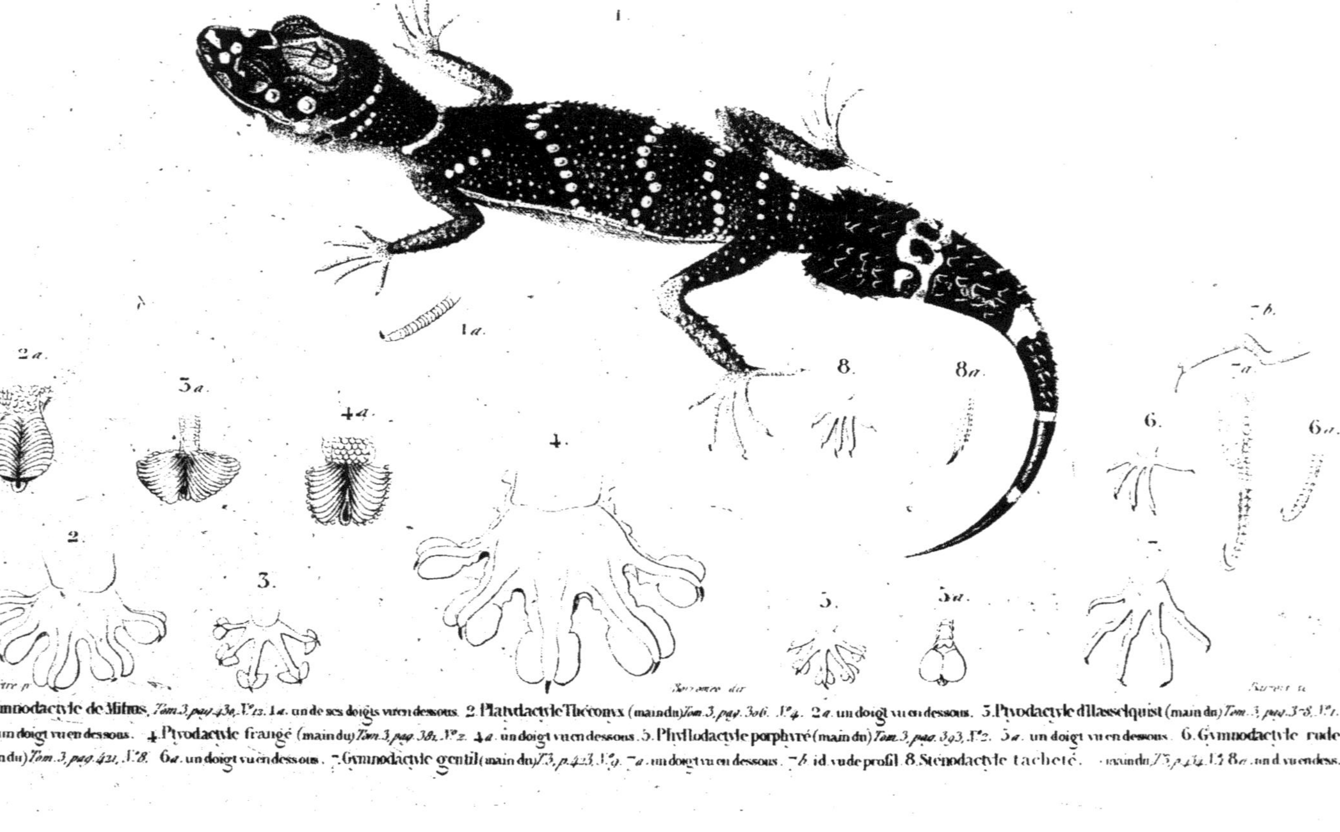

1. Gymnodactyle de Milius, *Tom. 3, pag. 430, N° 13.* 1*a*. un de ses doigts vu en dessous. 2. Platydactyle Théconyx (main du) *Tom. 3, pag. 306. N° 4.* 2*a*. un doigt vu en dessous. 3. Ptyodactyle d'Hasselquist (main du) *Tom. 3, pag. 378, N° 1.* 3*a*. un doigt vu en dessous. 4. Ptyodactyle frangé (main du) *Tom. 3, pag. 382, N° 2.* 4*a*. un doigt vu en dessous. 5. Phyllodactyle porphyré (main du) *Tom. 3, pag. 393, N° 2.* 5*a*. un doigt vu en dessous. 6. Gymnodactyle rude (main du) *Tom. 3, pag. 421, N° 8.* 6*a*. un doigt vu en dessous. 7. Gymnodactyle gentil (main du) *T. 3, p. 423, N° 9.* 7*a*. un doigt vu en dessous. 7*b*. id. vu de profil. 8. Sténodactyle tacheté (main du) *T. 3, p. 434, N° 1.* 8*a*. un d. vu en dess.

1. Gymnodactyle marbré. *Tome III, pag 426. N° 10.* 2. Sténodactyle tacheté. *Tome III, pag. 434. N° 4.*

1 a. Boût du doigt et ongle du N° 1.

Prêtre del.   Barraud sc.

1. Gymnodactyle marbré. *Tome III, pag. 426, N° 10.*   2. Sténodactyle tacheté. *Tome III, pag. 434, N° 4.*

1 a. Bout du doigt et ongle du N° 1.

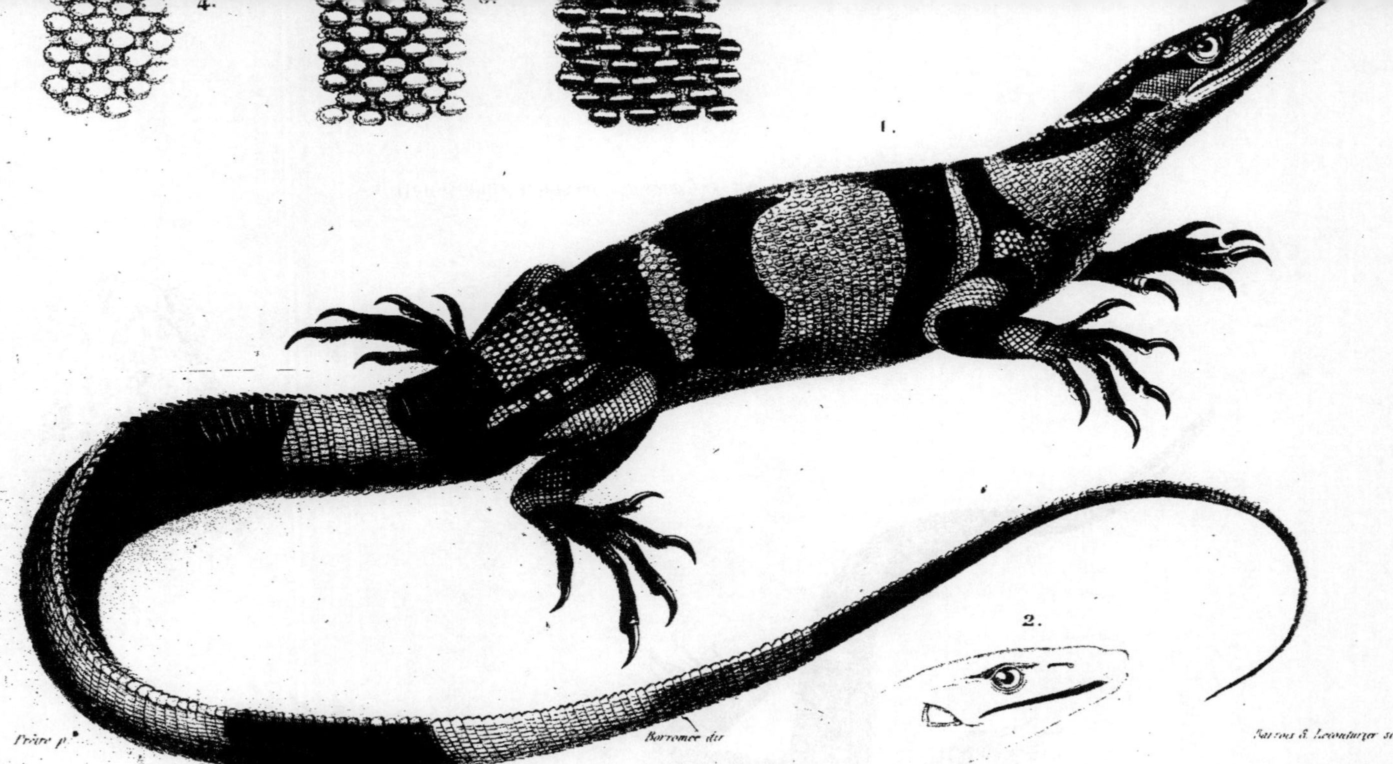

1. Varan de Bell. Varanus Bellii. *Tom. 3, pag. 493 N.° 10.* 2. Varan nébuleux. (Tête du) Varanus nebulosus. *Tom. 3 pag. 483 N.° 5.* 3. Ecailles dorsales du même. 4. Ecailles dorsales du Varan du Nil.
5. Ecailles dorsales du Varan de Picquot.

Prêtre del.

Bâtrous sc.

1. Héloderme hérissé *Tome III. page 490. N.° 1.* 1 a. Sa tête vue en dessus.

1. Urostrophe de Vautier, *Tome II pag. 78.* 2. Norops doré, *Tome II pag. 80.*

Pretre del.

Barrois sc.

Aloponote de Ricord. *Tome II. page 190. N°1*

1. Léiosaure de Bell, *Tome IV, pag. 242.* 1 a. Sa tête de profil. 2. Proctotrète signifère, *Tome IV, pag. 288.*

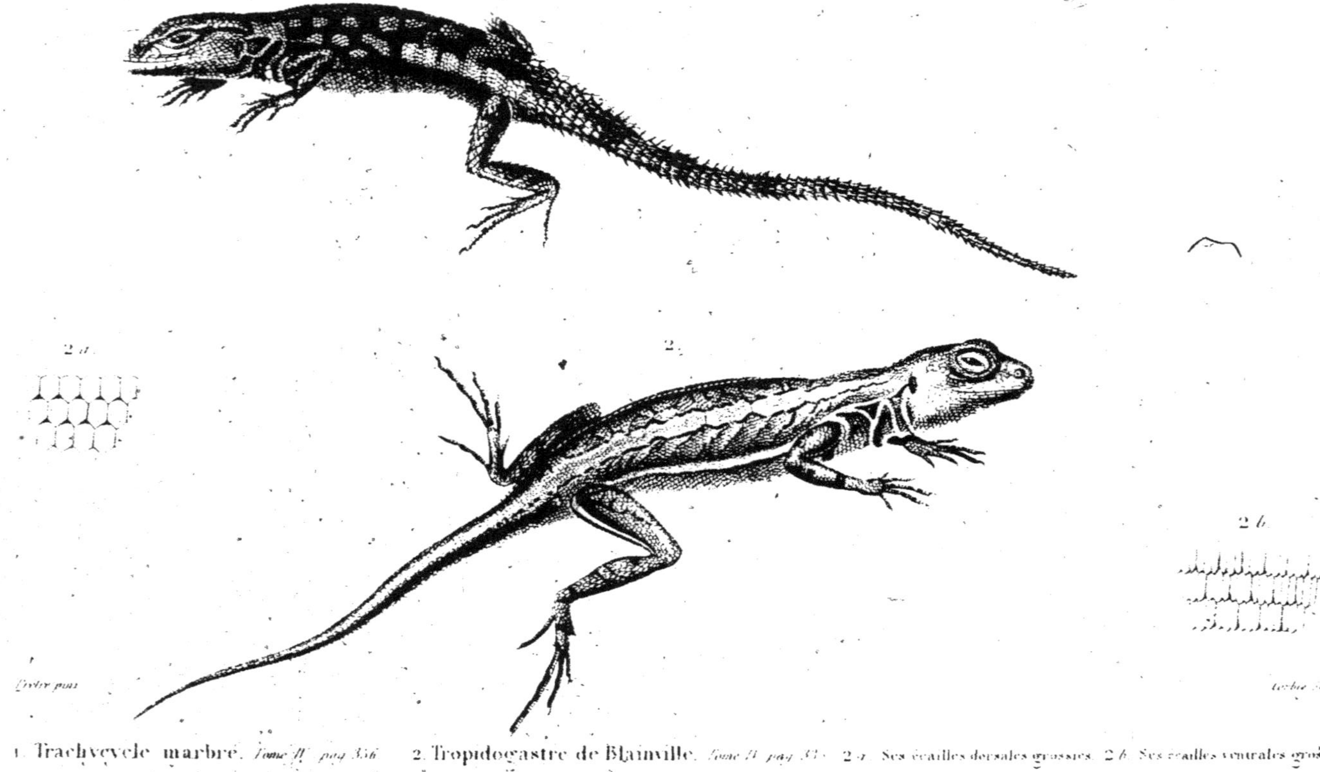

Prêtre pinx. *Corbie sc.*

1. Trachycycle marbré. *Tome II. pag. 356.* 2. Tropidogastre de Blainville. *Tome II. pag. 3[illegible].* 2 a. Ses écailles dorsales grossies. 2 b. Ses écailles ventrales gross.

1. Euprocte de Poiret; 1 a et 1 b, la main et le pied. 2. Tête du Triton symétrique vue en dessus

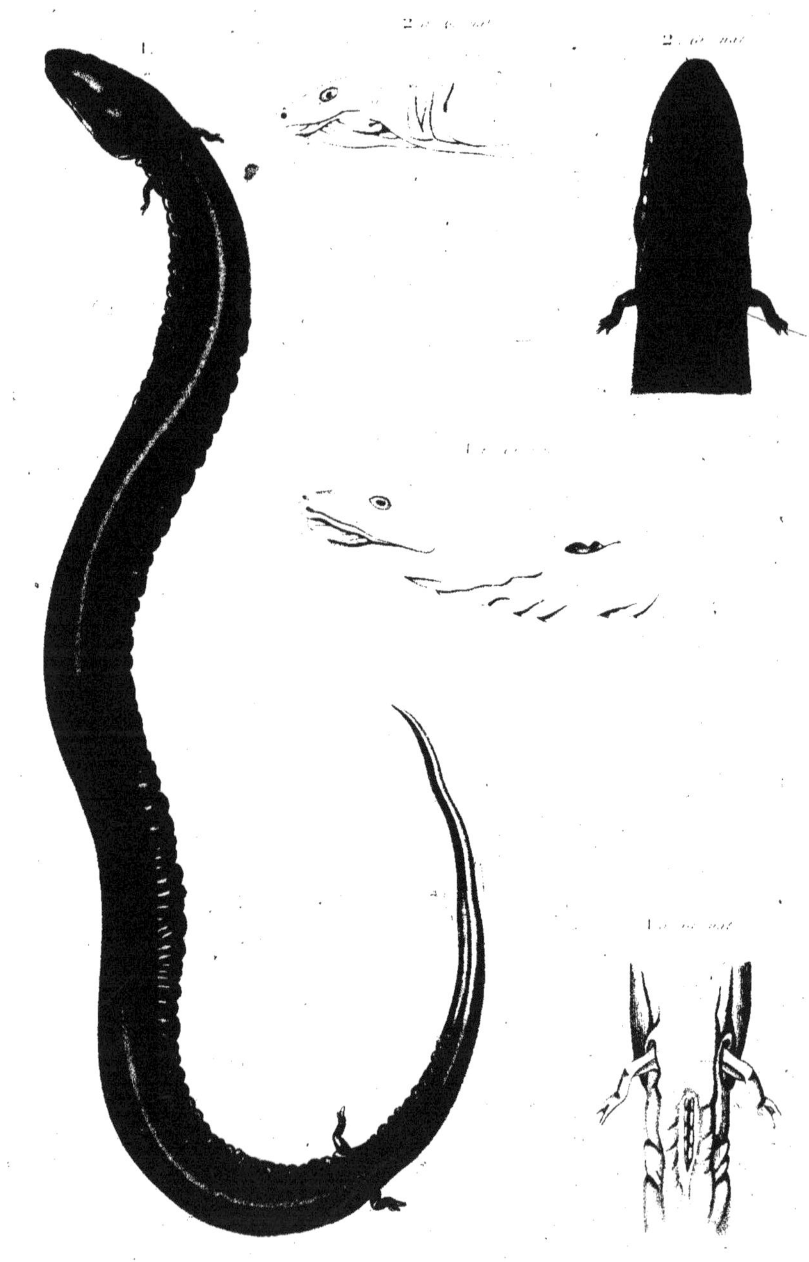

1. Amphiume pénétrante ou didactyle. 1 a. La tête de profil ; 1 b. cloaque.
2. Tête de l'Amphiume tridactyle vue en dessus ; 2 a. la même vue de profil.

Oudart p. *Pierre sc.*

1. Triton marbré. 2. Triton recourbé. 3. Triton ponctículé.

Ambystome à bandes, variété

1, Bolitoglosse méxicain; 1 a et 1 b. le pied et la main. 2. Variété du même.

Oudart p. — Pierre sc.

1. Pleurodèle de Waltl; 2. Bouche de la Salamandre de Corse ouverte pour montrer la langue et les dents.

1. Istiure de Le Sueur._Tome II page 34 Pl. 2 1.a Ses Écailles grossies

Lophyre tigré. *Tome II page 421* N°4

1. Grammatophore de Decrès, *Tome II. pag. 472.* 1 a La tête, de profil. 1 b Dessous des cuisses. 1 c Écailles dorsales grossies. 2. Agame épineux, *Tome II. pag. 491.*

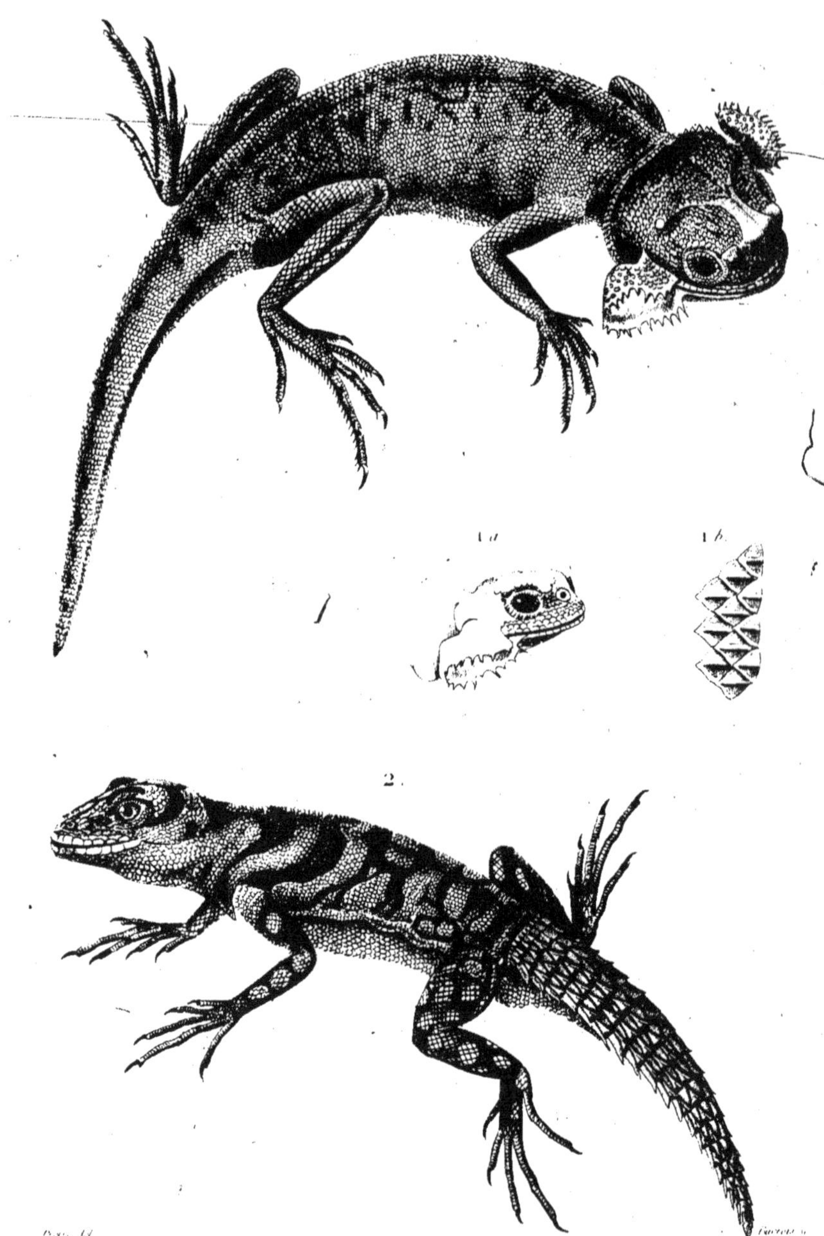

1. Phrynocéphale à oreilles. T. II pag. 324 N° 4. 1 a. Sa tête de profil. 1 b. Les Écailles carénées.

2. Doryphore azuré. Tome II page 371 N° 1.

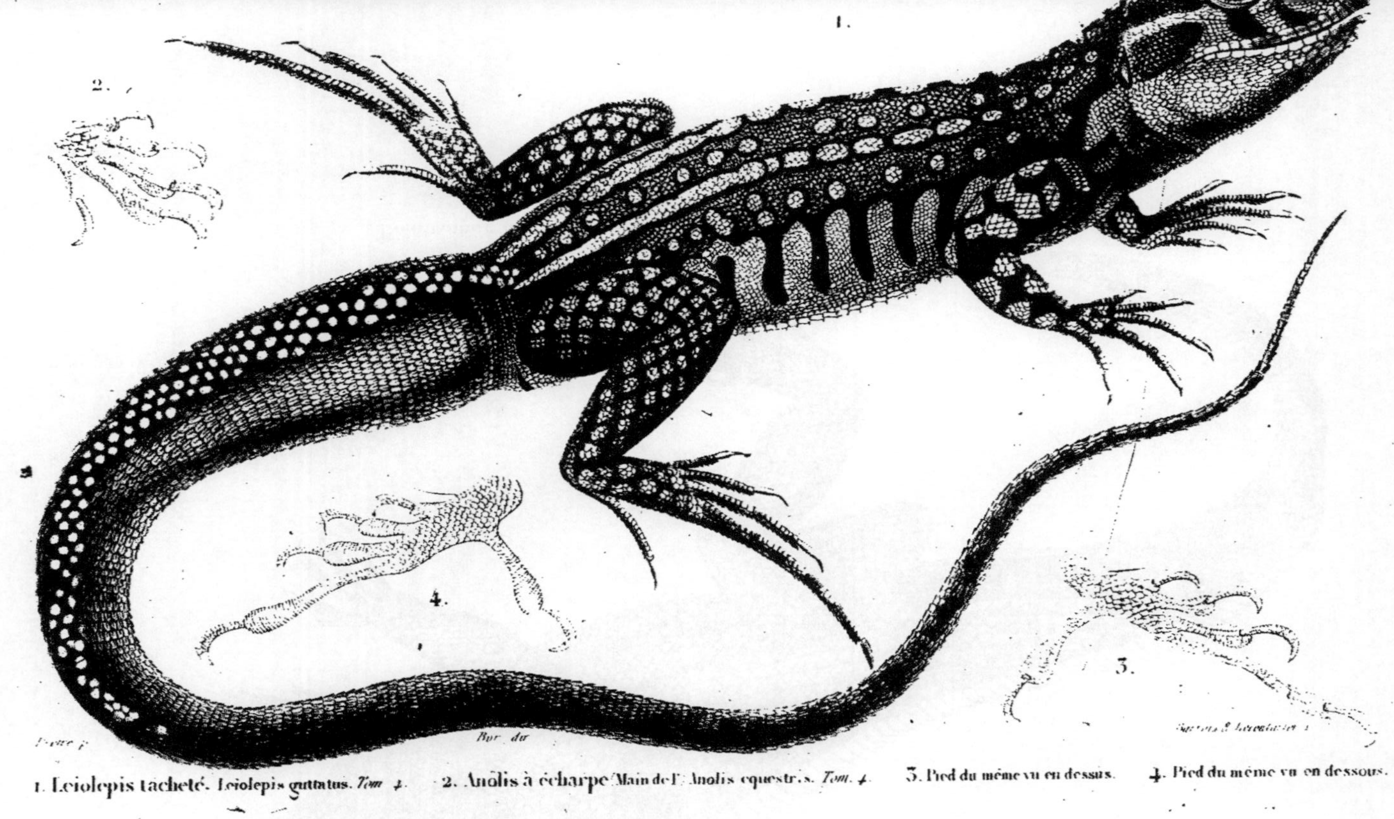

1. Leiolepis tacheté. Leiolepis guttatus. Tom. 4. 2. Anolis à écharpe (Main de l') Anolis equestris. Tom. 4. 3. Pied du même vu en dessus. 4. Pied du même vu en dessous.

Holotropide de l'Herminier. *Holotropis Herminieri. Tom. 4.*

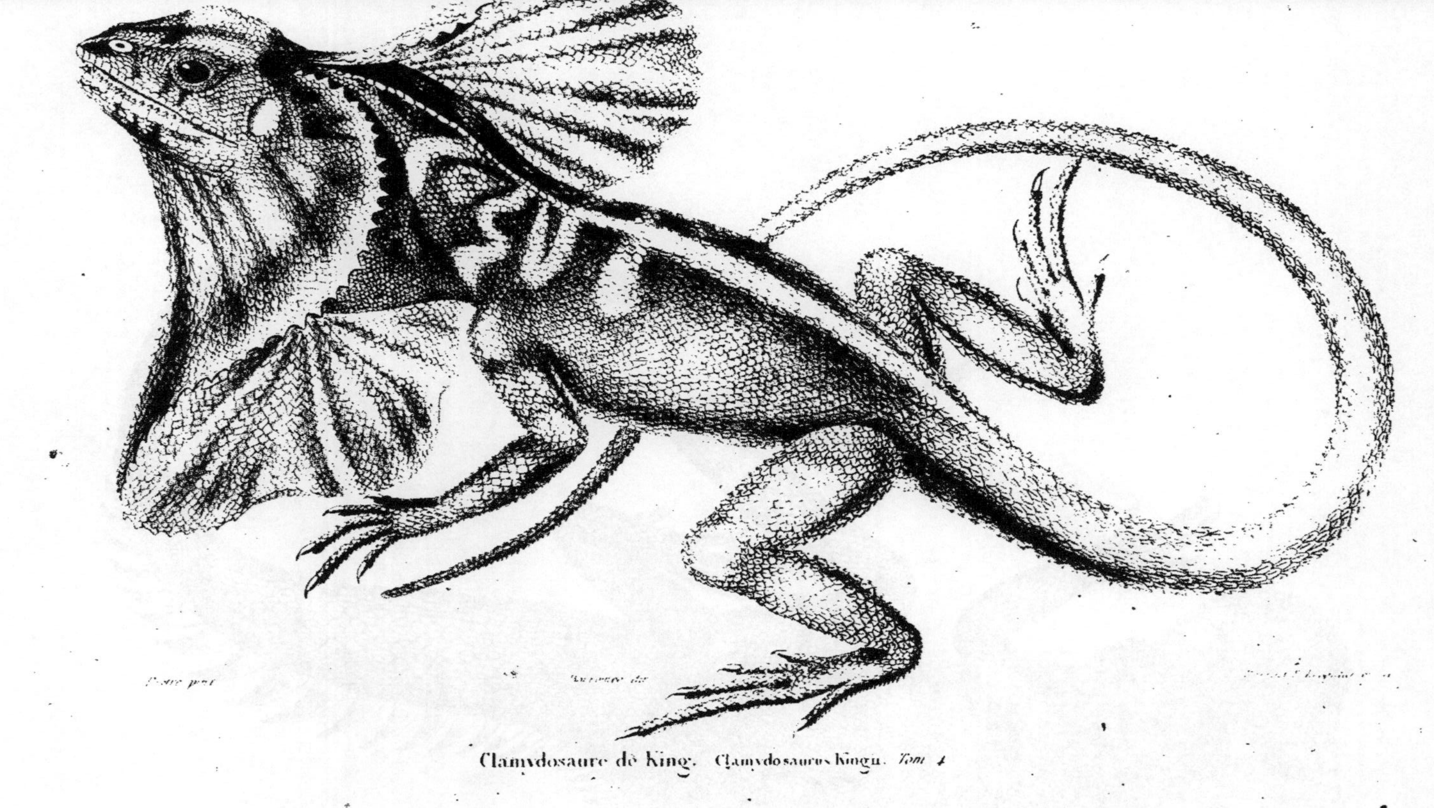

Clamydosaure de King. Clamydosaurus kingii. Tom. 4

Tiaris dilophe. Tiaris dilophus. Fem.

1 Gerrhosaure à deux bandes. Gherrosaurus bifasciatus. 1 a. La tête vue en dessus. 1 b. La tête vue en dessous.

1 **Lézard de Delalande.** Lacerta Delalandii. *Tom. 4.* 2. La Tête vue en dessus. 3. Le Cou vu en dessous.

Prêtre del. Corbie sc.

1. Neusticure à deux carènes, *Tome II pag. 64.* 2. Dessous de la tête et du cou. 3. La tête de profil, avec la bouche ouverte pour montrer la langue. 4. Dessous des cuisses.

1. Scinque de Duméril. Tome 1. page 1.a. Sa tête vue par dessus.

1. Aporomère piqueté de jaune *Tome V, Pag. 72.* *a.* La tête en dessus. *b.* La même de profil. *c.* Ouverture de la narine. *d.* Face intérieure des cuisses. *e.* Ecailles dorsales.

1. Le grand Ameiva *Tome V. Pag. 117.* *a*. La tête en dessus. *b*. La tête et le cou en dessous. *c*. Face intérieure des cuisses et de l'origine de la queue. *d*. Deux pores fémoraux grossis.

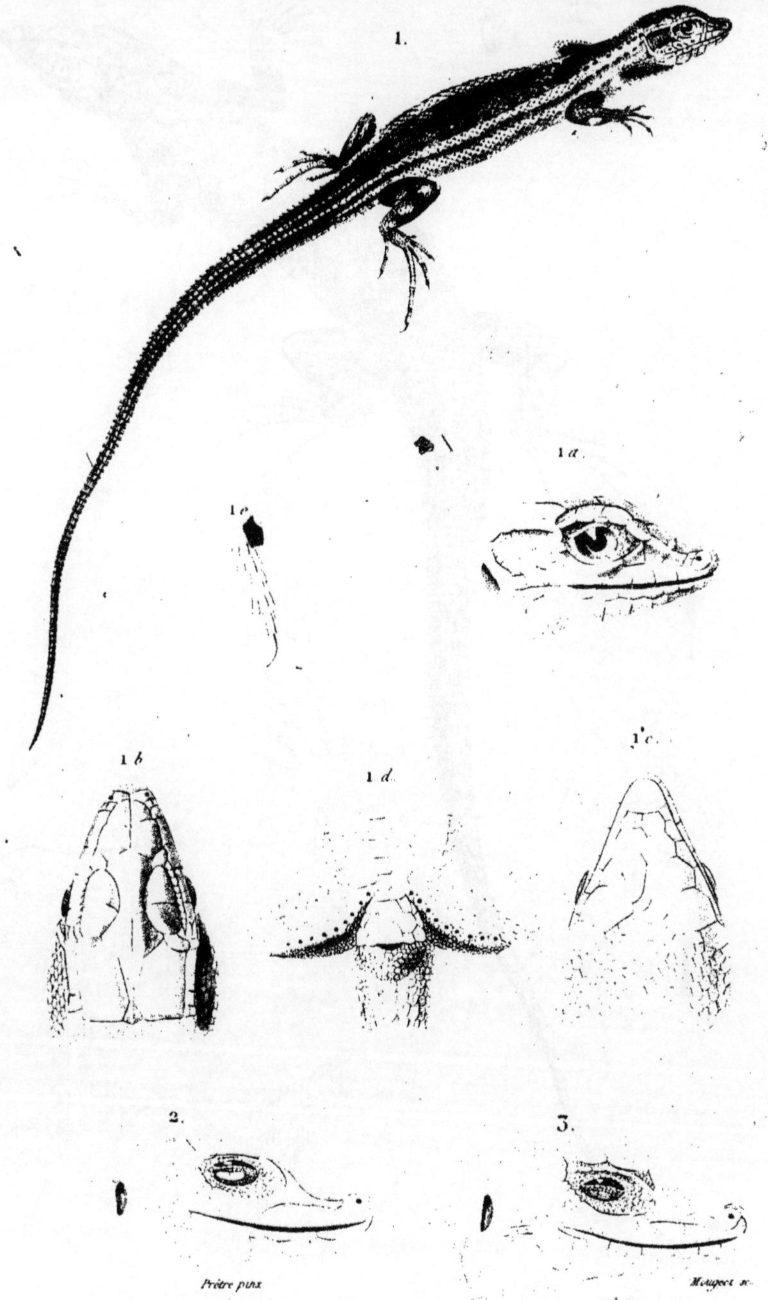

1. Ophisops élégant *Tome V. Pag.* 1 *a*. Sa tête de profil. 1 *b*. La même en dessus. 1 *c*. Gorge et dessous de la mâchoire infre. 1 *d*. Face infre des cuisses. 1 *e*. Dessous d'un doigt postérieur. 2. Tête de profil de l'Eremias lineo-ocellé *Tome V. Pag.* 3. Tête de profil de l'Eremias à points rouges *Tom. V. P.*

1. Scapteire grammique. 1 a. Sa tête de profil. 1 b. Dessous de la tête et du cou. 1 c. Doigts antérieurs grossis.
1 d. Doigts postérieurs grossis. 2. Pied d'Acanthodactyle. 3. Pied de Lézard vert.

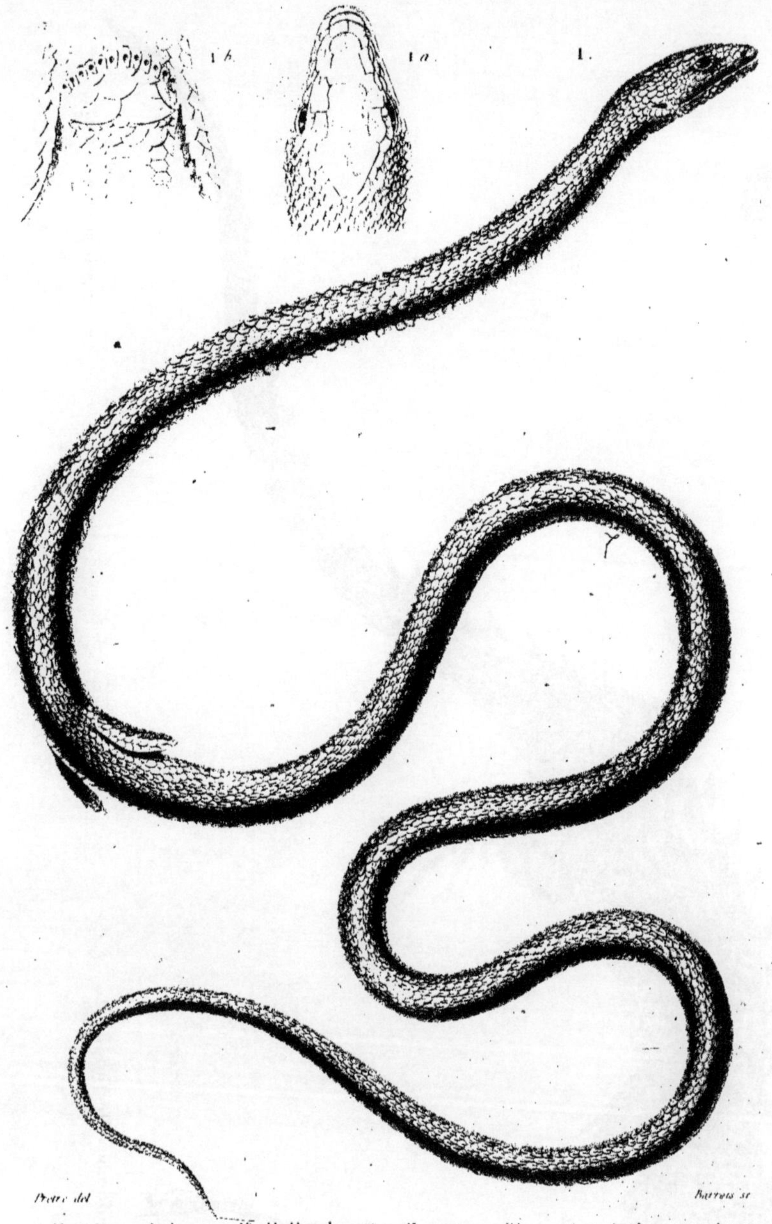

Prêtre del. *Barrois sc.*

1. Hystérope de la nouvelle Hollande. *Tome V. page* N.º 1 a. Sa tête vue en dessus.
1 b. Extrémité du tronc, origine de la queue, membres postérieurs.

1. Tribolonote de la nouvelle Guinée *Tome I. Pag.* a. La tête en dessus. b. La même de profil avec la bouche ouverte pour montrer la langue.

1. Tropidophore de la Cochinchine. 1 a. Sa tête de profil avec la bouche ouverte pour montrer la langue. 1 b. La même vue en dessus. 2. Tête de Diploglosse de la Sagra, de profil avec la bouche ouverte pour montrer la langue. 3. Tête de Sphénops bridé, de profil. 4. Main de Scinque officinal, vue en dessus.

1. Acontias peintade. a. Sa tête vue de profil. b. La bouche ouverte pour montrer la langue. c. Plaques céphaliques.

1, 1 a Rhinophis des Philippines. 2, 2 a Uropeltis des Philippines. 3, 3 a Colobure de Ceylan.
4, 4 a Plectrure de Perrotet.

[illegible] imp. r. Hautefeuille 12 Paris.

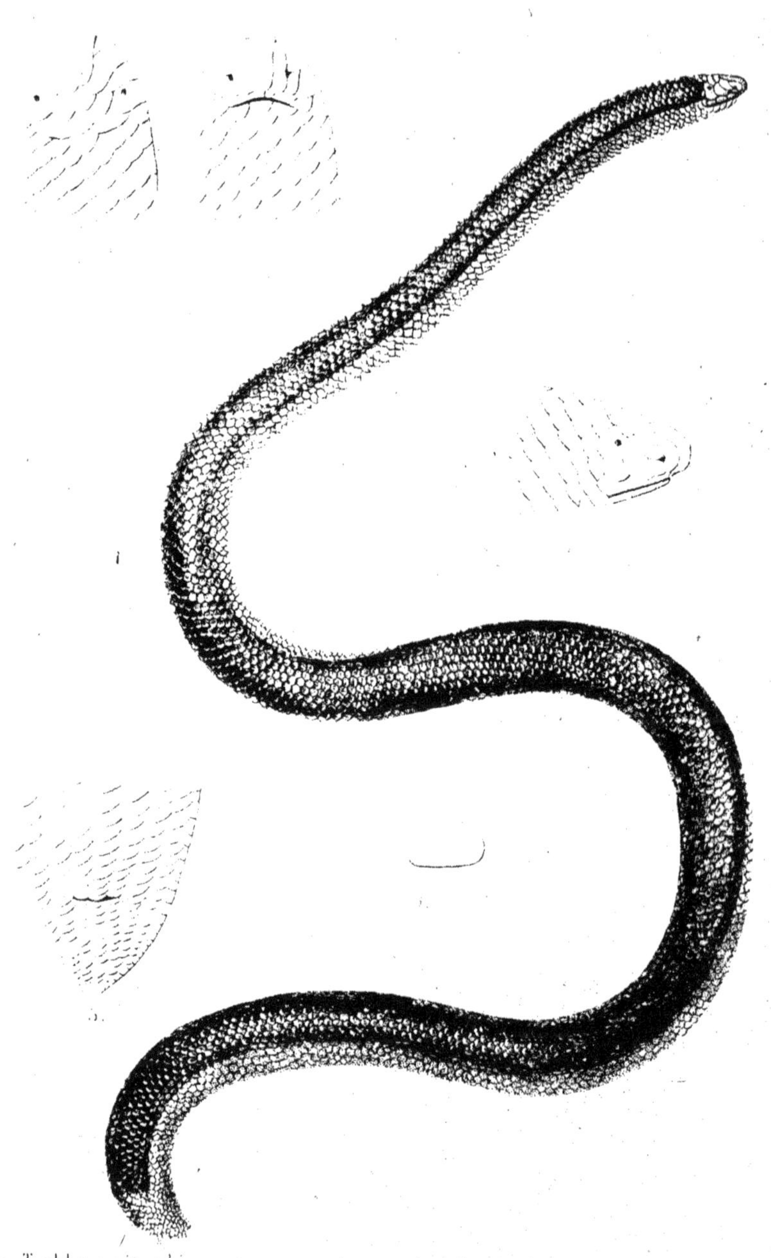

1. Typhlops réticulé. — 2. La tête vue en dessus. — 3. en dessous. — 4. de profil. — 5. dessous de l'extrémité postérieure du corps.

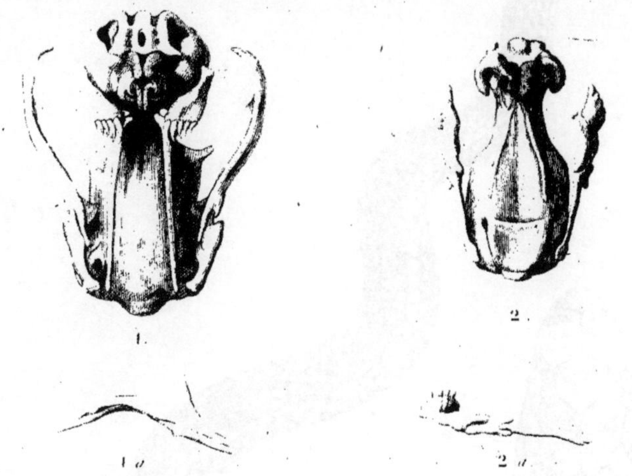

AGLYPHODONTES.

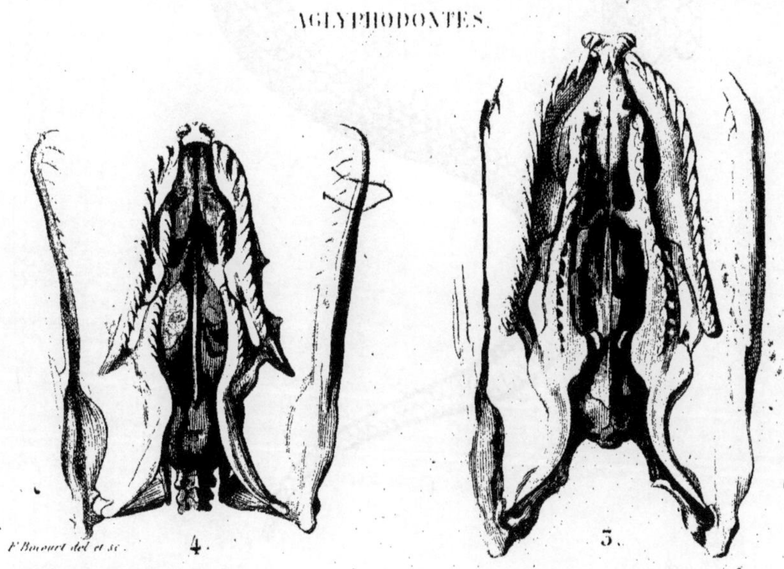

F. Bocourt del. et sc.

1, Typhlops réticulé; 1 a, Machoire inférieure; 2, Sténostome deux-raies; 2 a, Machoire inférieure; 3, Python molure; 4, Xiphosome canin.

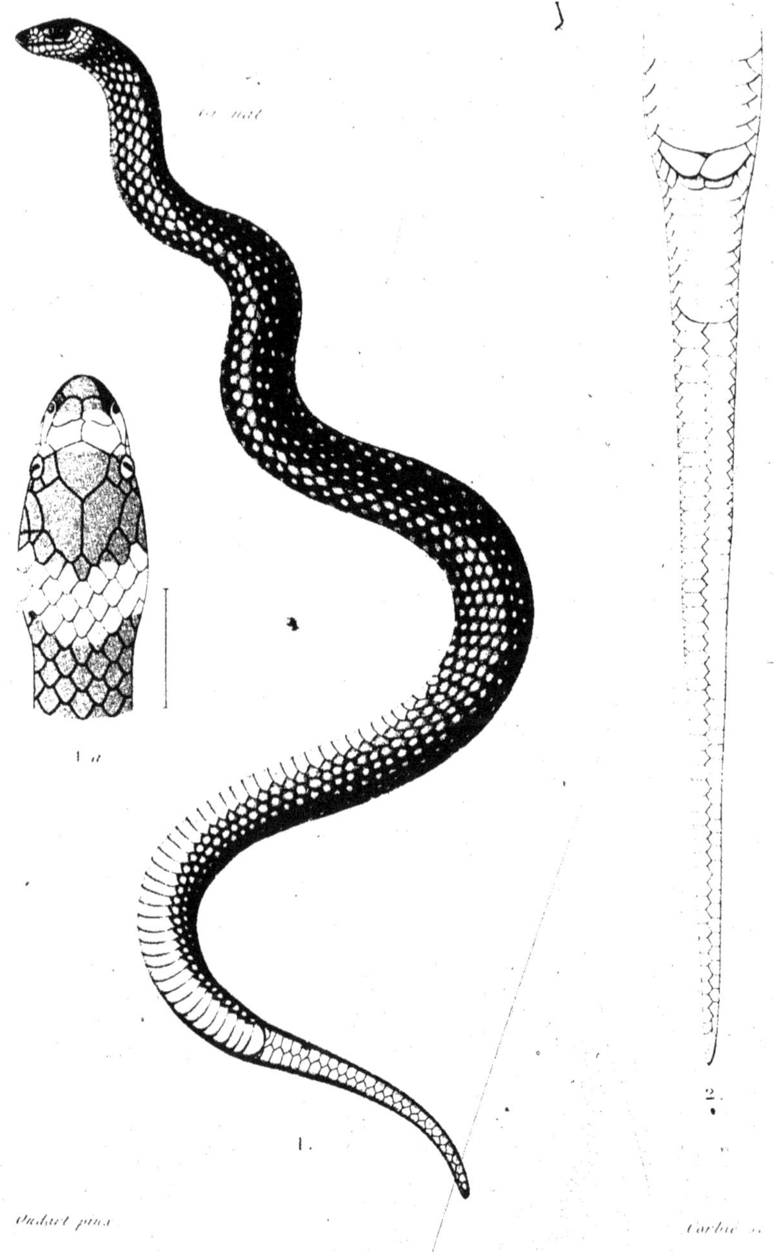

1. Furine beau-dos. 1 a. Tête de la même vue en dessus.
2. Queue du Triméresure porphyré vue en dessous.

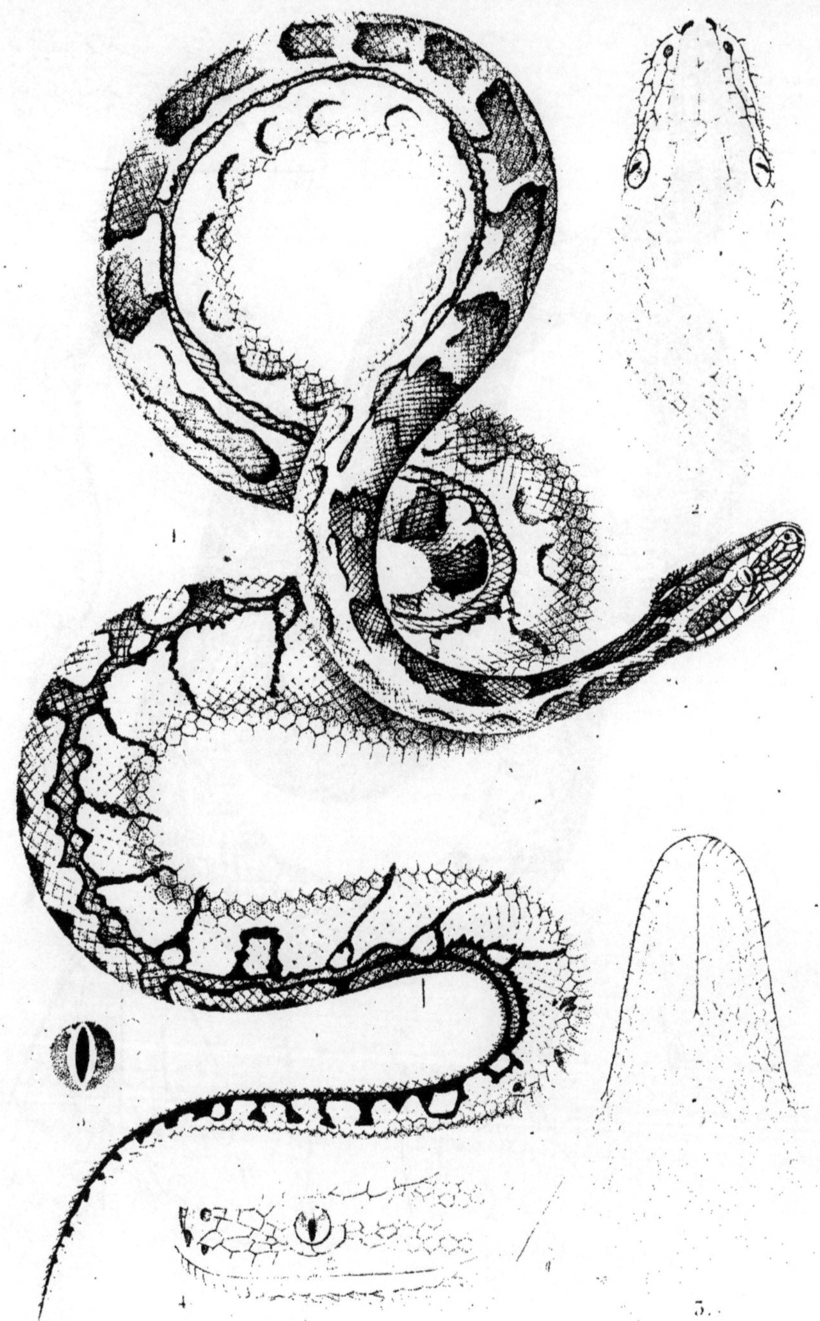

1. Python de Séba. 2. La tête vue en dessus. 3. en dessous. 4. de profil. 5. Œil avec les plaques qui l'entourent

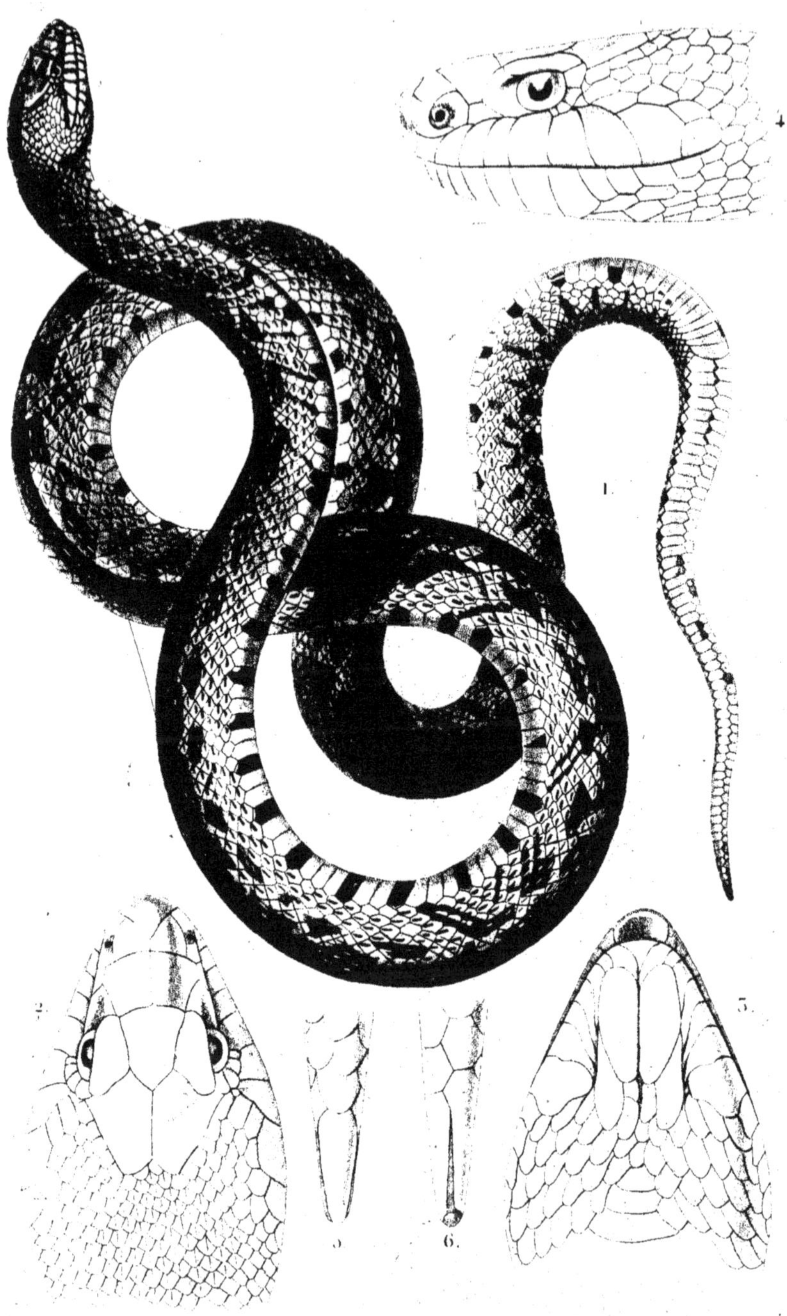

1 Anasime mexicain. 2. La tête vue en dessus 3. en dessous 4. de profil 5. pointe de la queue vue en dessus 6. en dessous

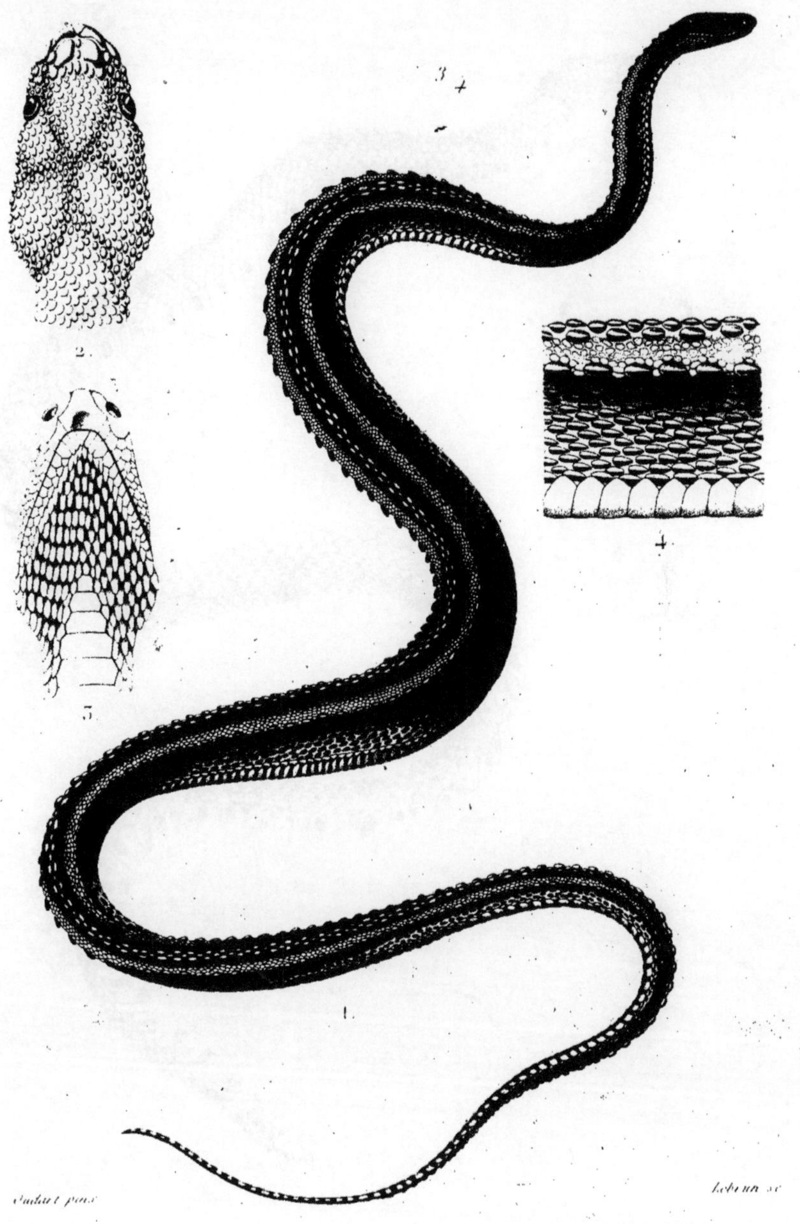

Oudart pinx. Lebrun sc.

1, Xénoderme Javanais. 2, La tête vue en dessus. 3, en dessous. 4, Écailles du tronc.

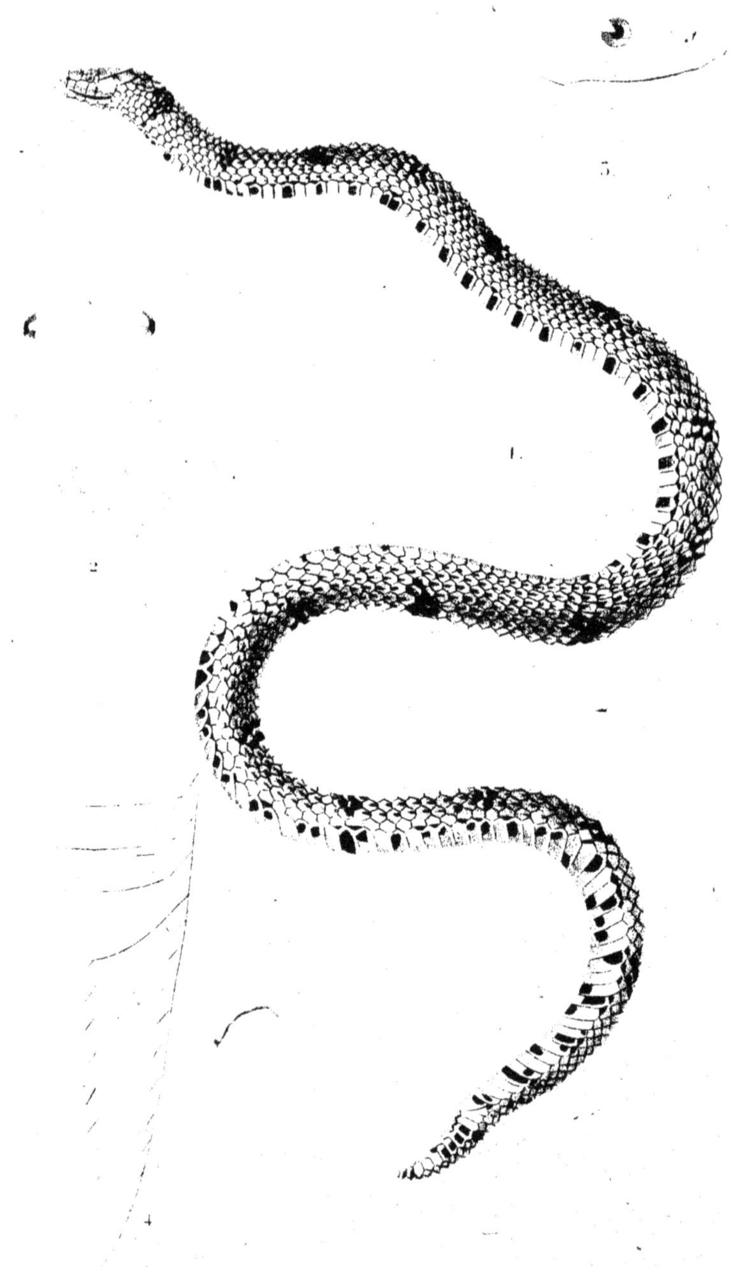

1. Calamaire de Linné. 2. La tête vue en dessus. 3. en dessous. 4. extrémité postérieure du corps vue en dessous.

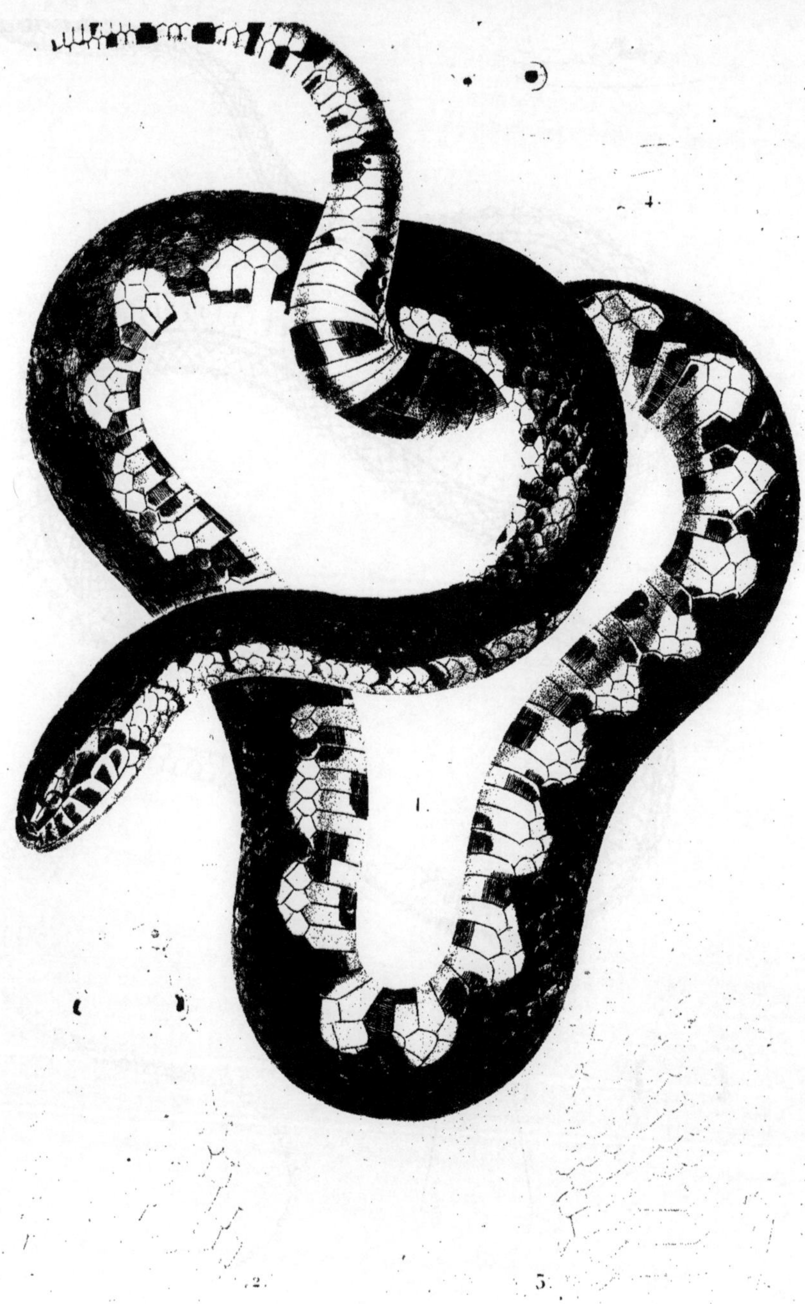

1, Hydrops abacure. 2, La tete vue en dessus. 3, en dessous. 4, de profil.

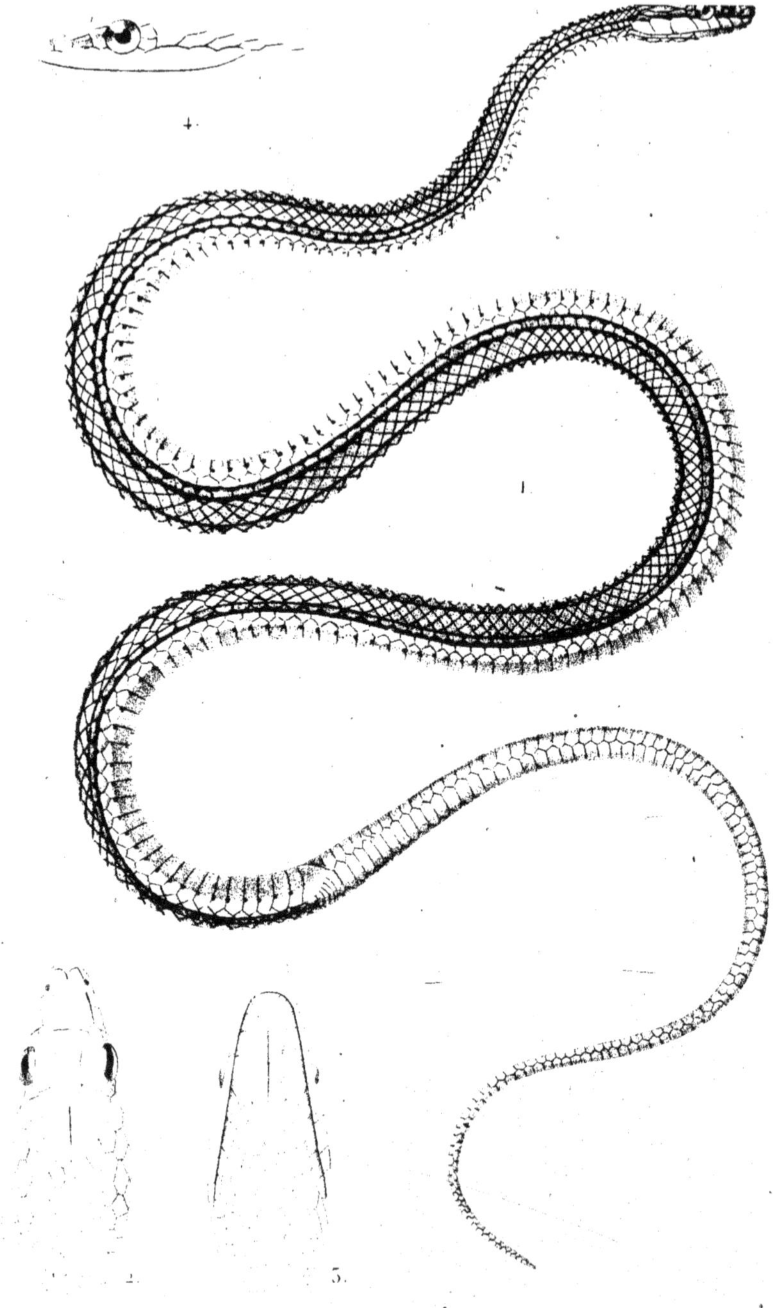

1. Élaphre de Bernier. 2. La tête vue en dessus. 3. en dessous. 4. de profil

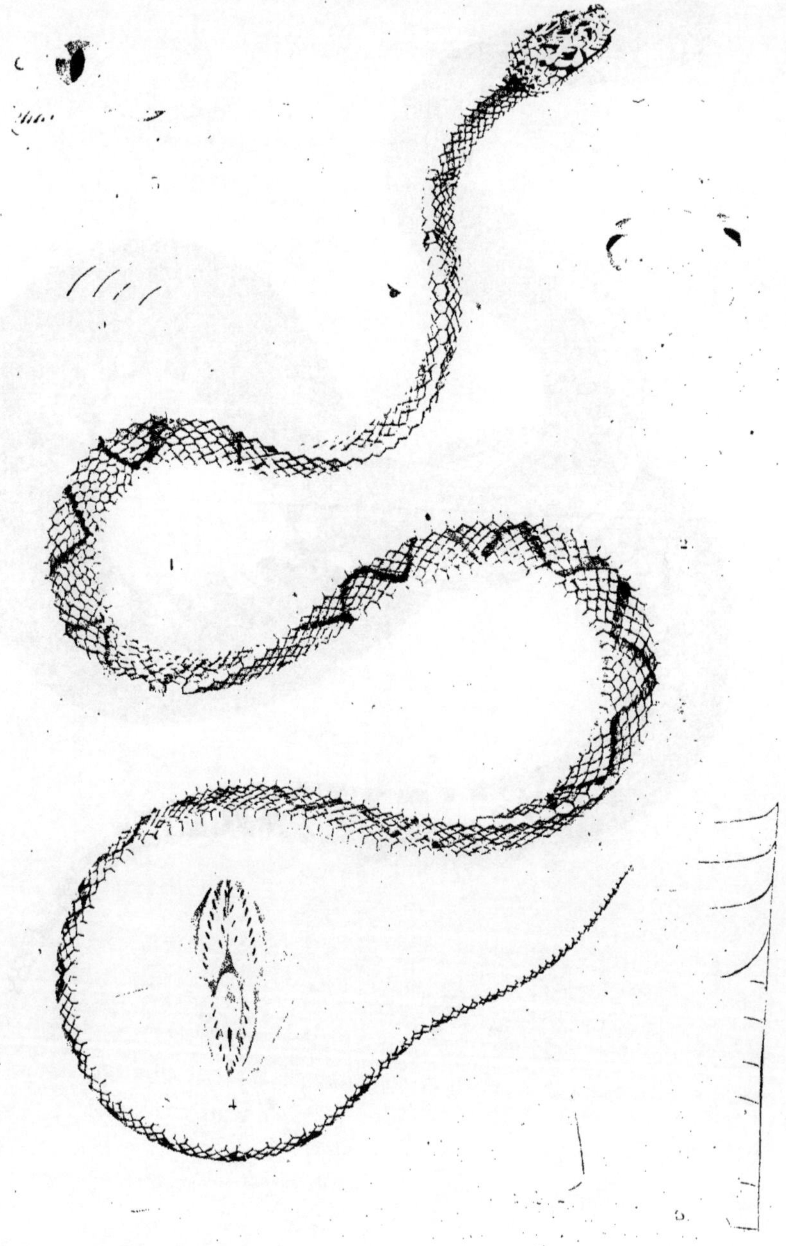

1. Amblycéphale bucéphale. 2. La tête vue en dessus. 3. de profil. 4. La bouche ouverte.
5. Dents sus-maxillaires. 6. Région anale et face inférieure de l'origine de la queue. 7.
Coupe transversale du tronc.

2. 3.

1. Uranops sévère. 2. La tête vue en dessus 3. en dessous 4. de profil

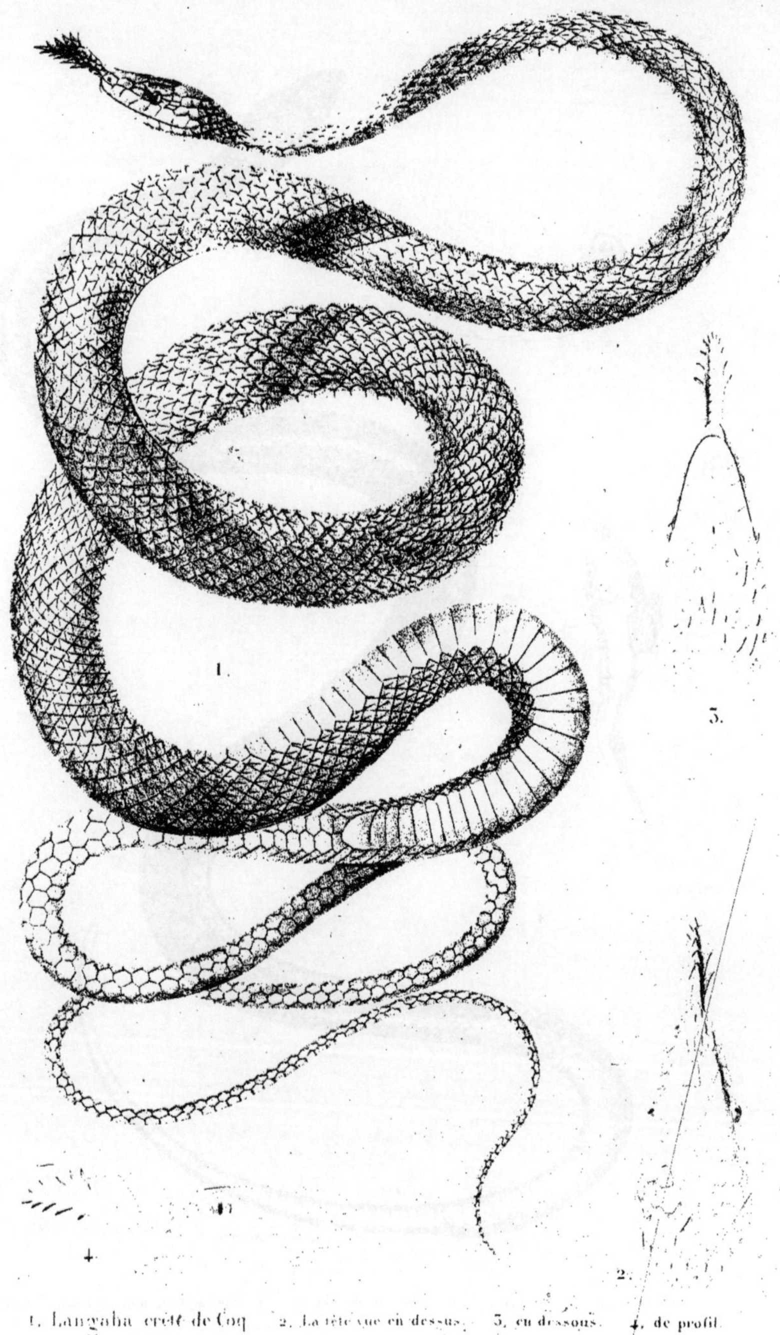

1. Langaha crête de Coq. 2. La tête vue en dessus. 3. en dessous. 4. de profil.

1. Rhinostme de Guérin. 2. La tête vue de profil. 3. Portion de la mâchoire supérieure.

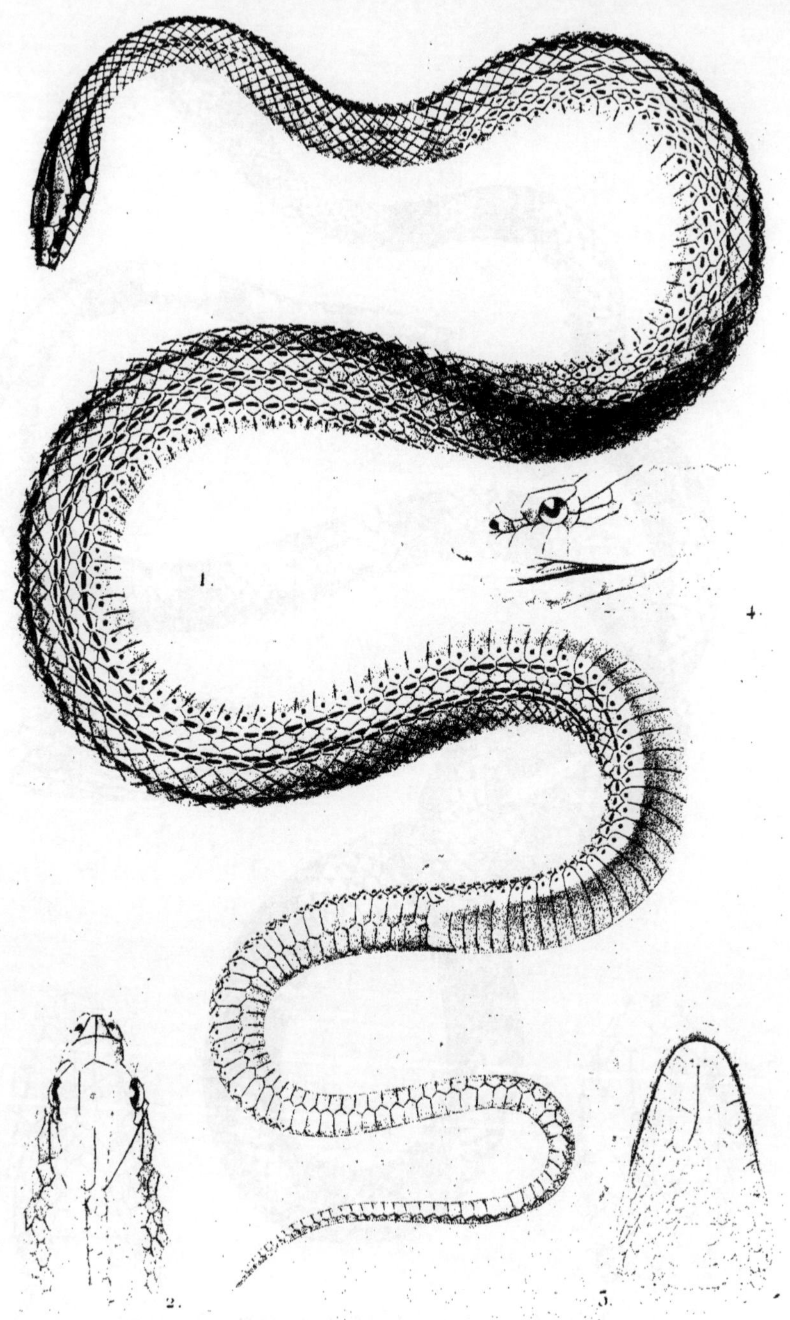

1. Eudrome à flancs linéolés. 2. La tête vue en dessus. 3. en dessous. 4. de profil.

1. Erythrolampre venustissime. 2. La tête vue en dessus. 3. en dessous. 4. de profil.

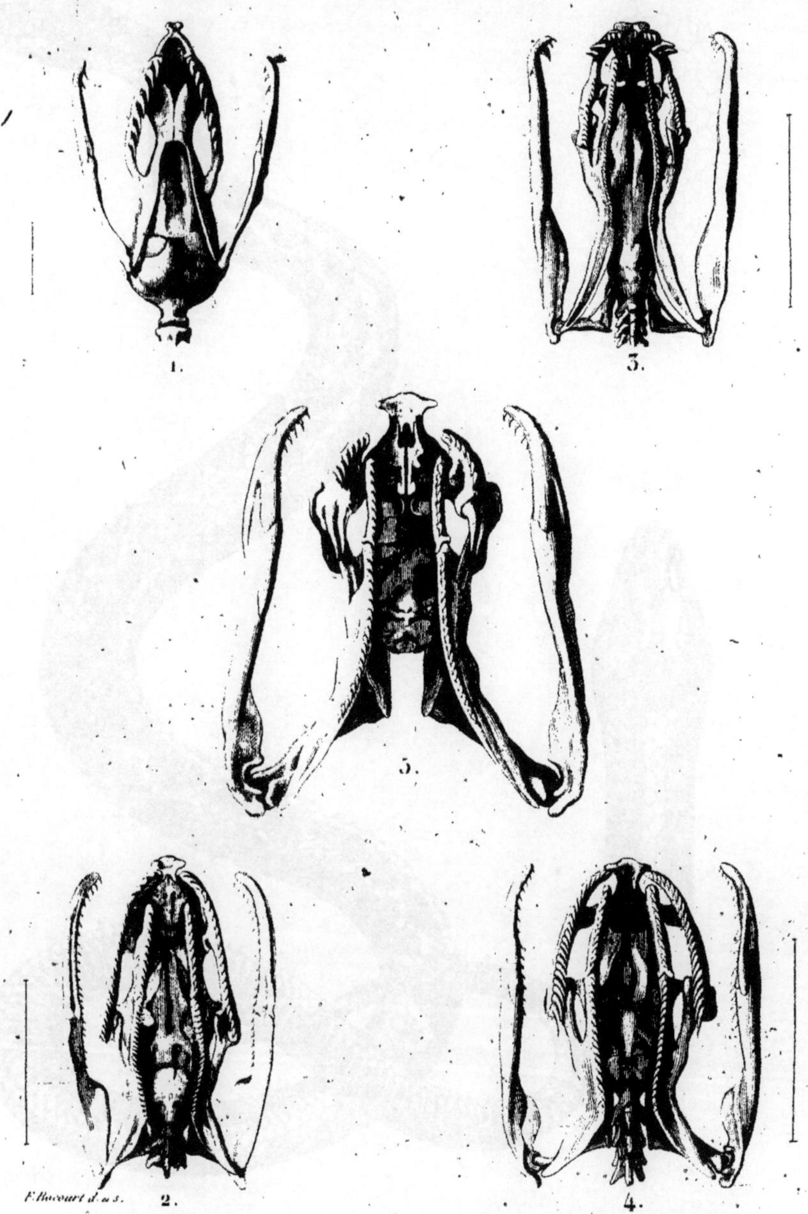

F. Bocourt d. et s.

1, Plectrure de Perrotet ; 2, Plagiodonte Hélène ; 3, Lycodon aulique ;
4, Tropidonote vipérin ; 5, Xénodon géant .

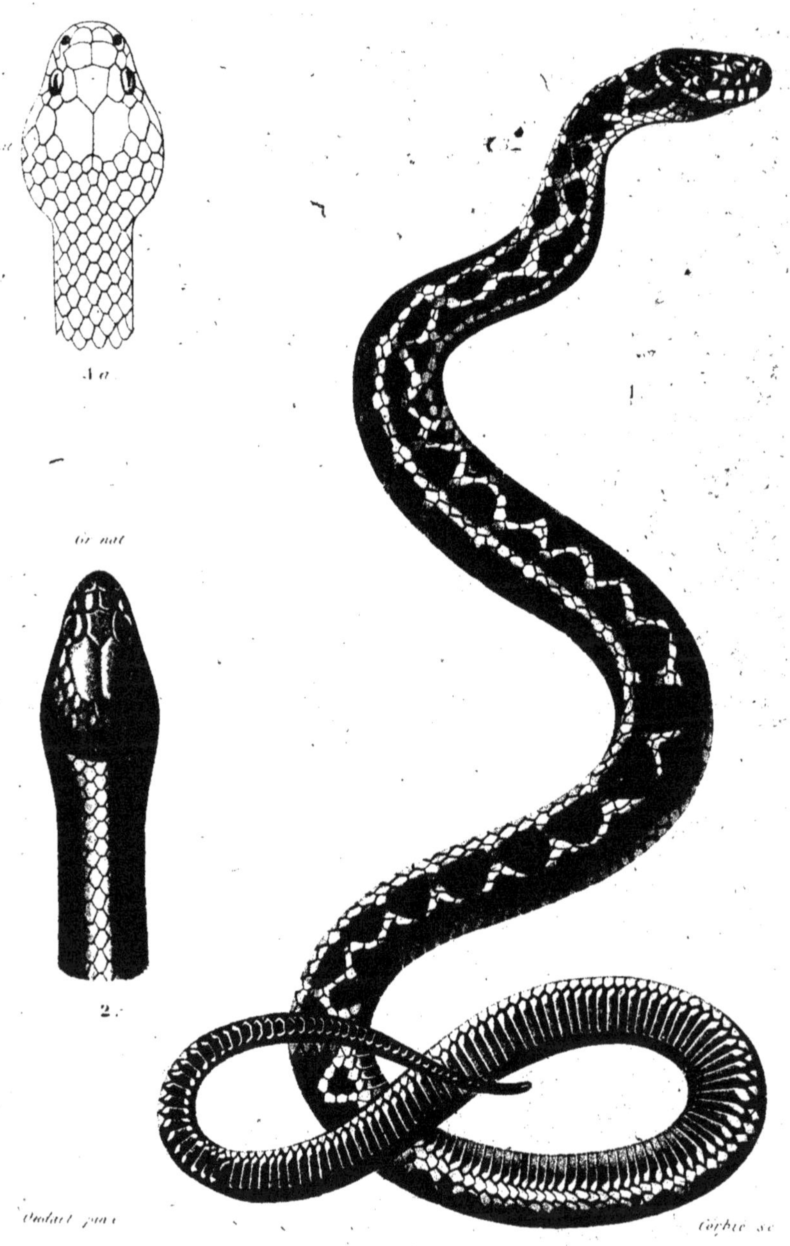

1. Alecto panachée. 1 a. Tête du même vue en dessus.

2. Tête de l'Alecto couronnée.

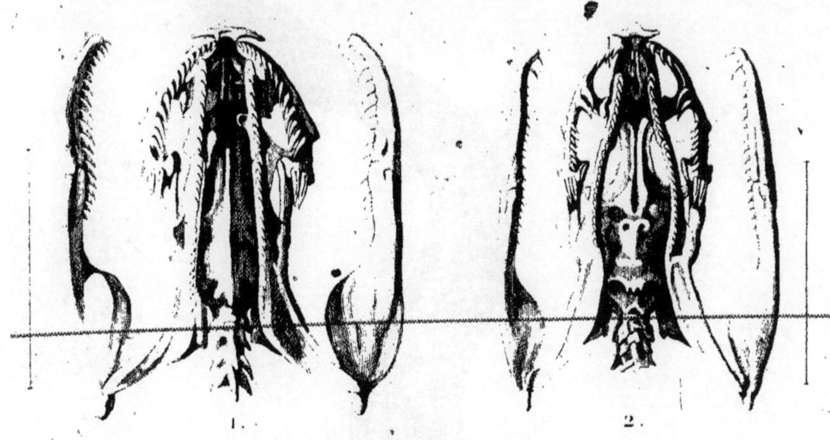

1. 2.

PROTÉROGLYPHES.

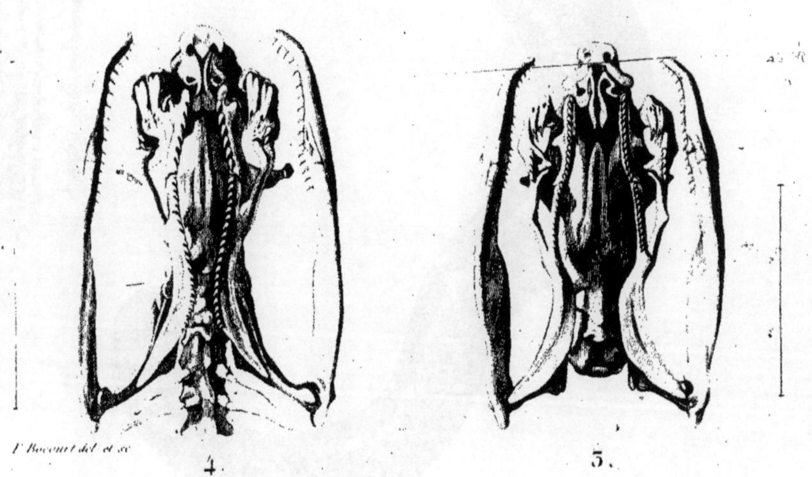

F. Bocourt del. et sc.

4. 3.

1, Euroste de Dussumier; 2, Psammophis ponctué; 3, Bongare demi-anneaux; 4, Naja baladine.

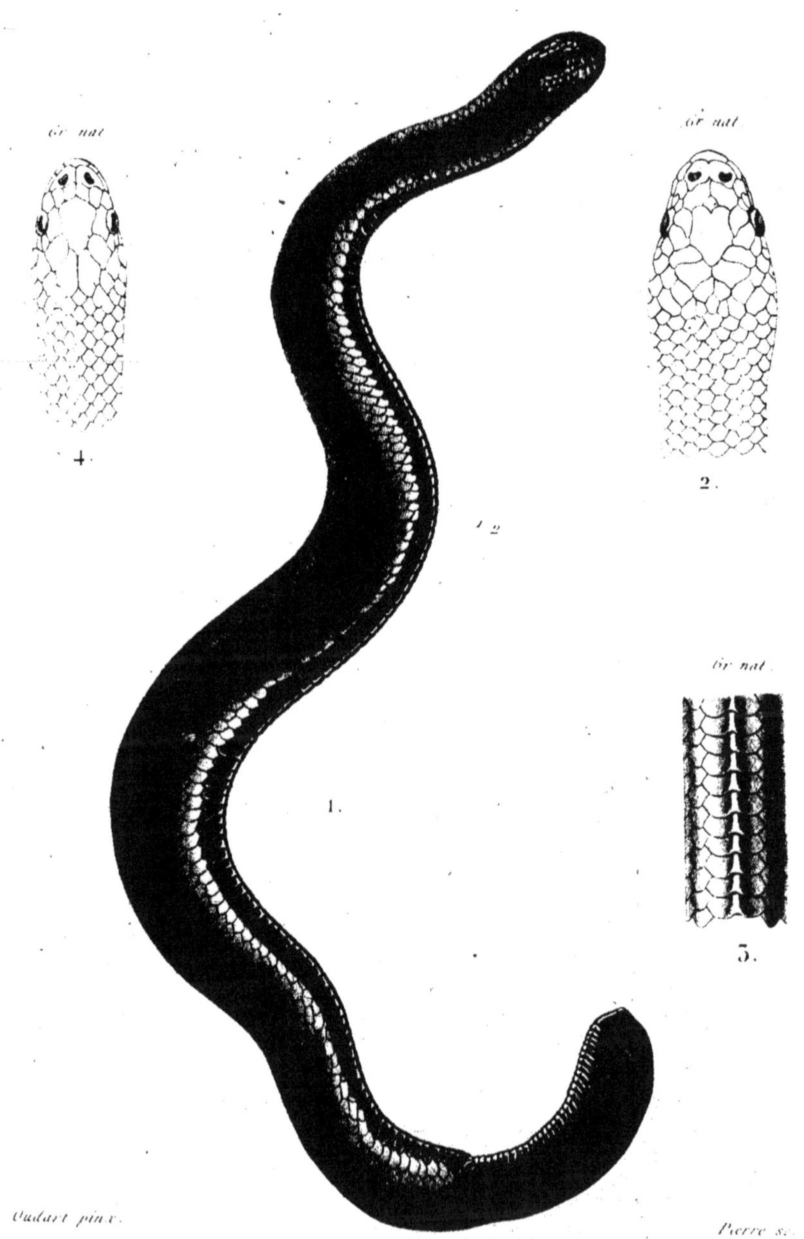

1. Aipysure fuligineux. 2. La tête vue en dessus. 3. Portion du tronc du même vue en dessous. 4. Tête de l'Aipysure lisse vue en dessus.

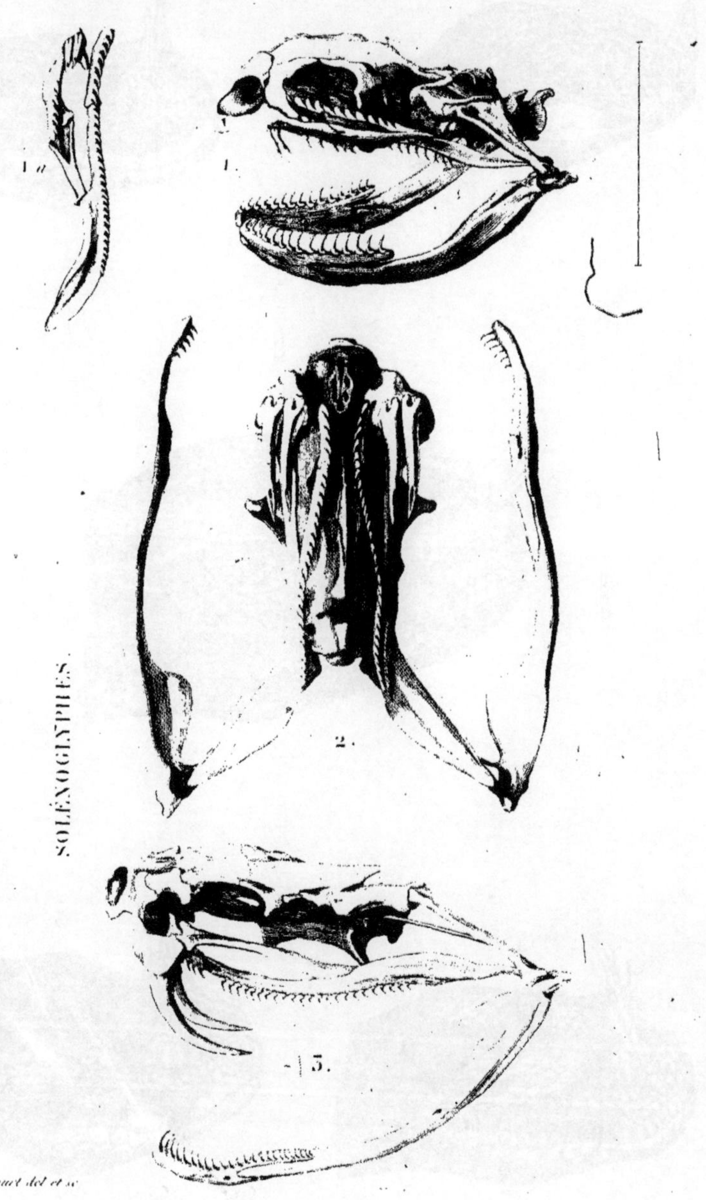

1, Hydrophis pelamidoïde ; 1 *a*, Portion droite de la machoire supérieure ; 2, Crotale durisse ;

3, La même de profil.

3.

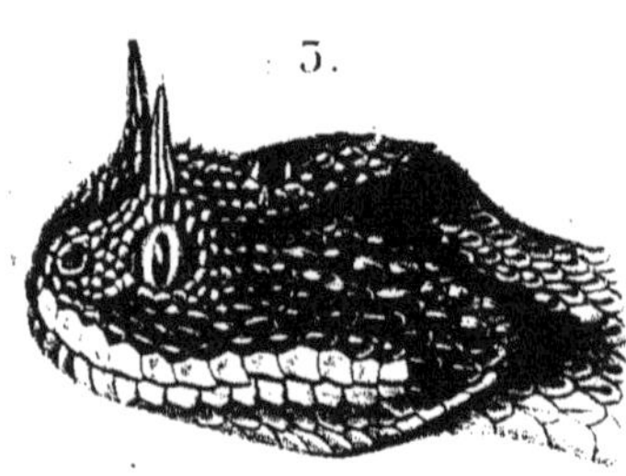

2.

Gr. nat.

4.

5.

Oudart pinx. *Pierre sc.*

1. Vipère ammodyte. 2. Vipère hexacère. 3. Céraste d'Egypte.

4. Céraste lophophrys. 5. Céraste de Perse.

1. Dendrophide vert. 1 *a*. Portion du tronc du même vue en dessus. 2. du Dendrophide Adonis.
3. du Dendrophide à huit raies.

Les details sont de gr. nat.

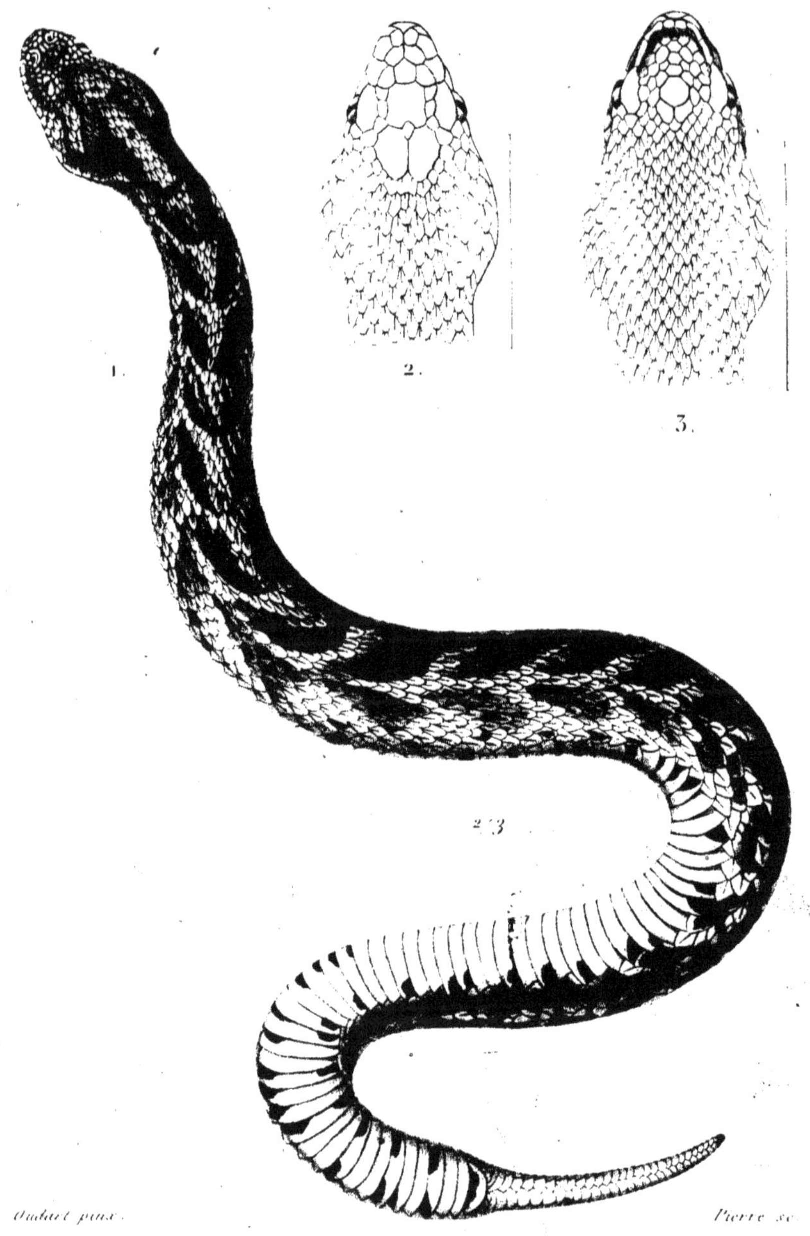

Oudart pinx. Pierre sc.

1. Echidnée heurtante.

Têtes des deux Vipères communes de France.

2. Pelias berus. 3. Vipera aspis.

Oudart pinx.   Picart sc.

1, Enicognathe annelé.   2, Tête de l'Enicognathe à ventre rouge.   3, La machoire inférieure du même.
4, Tête du Trétanorhine variable.

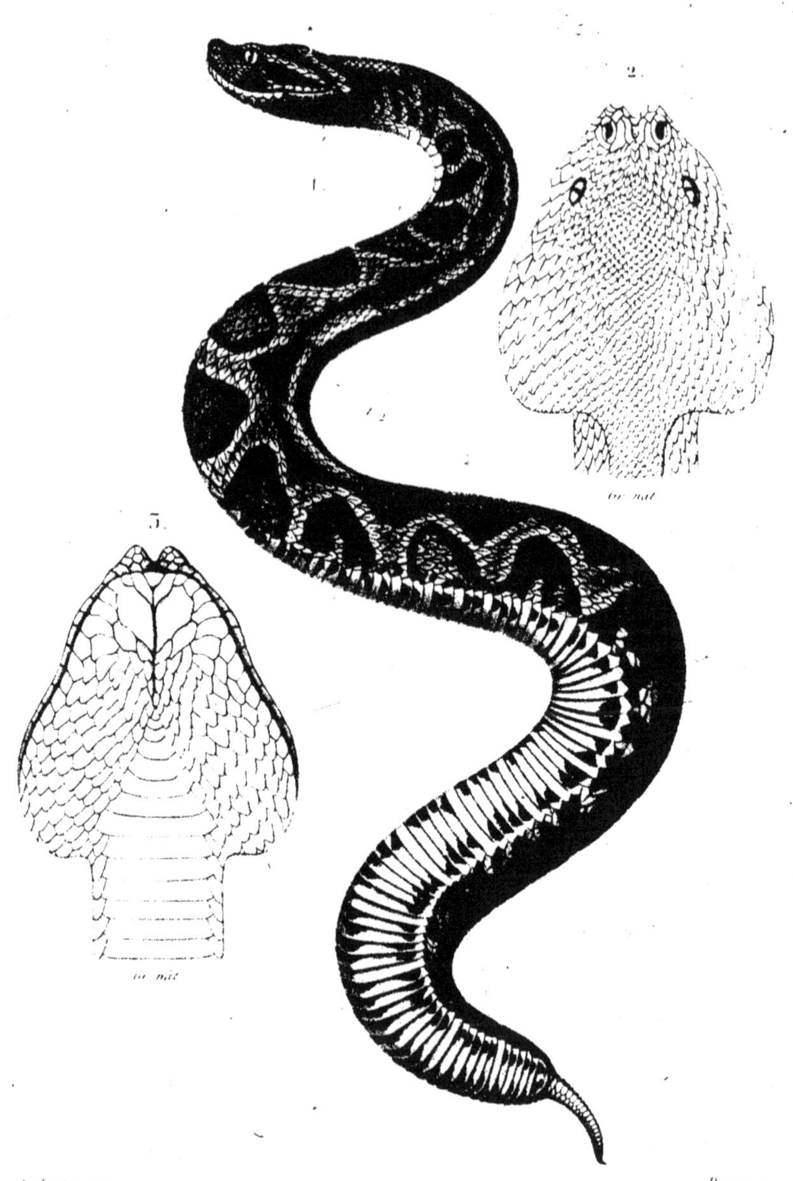

Oudart pinx. Pieart sc.

1. Echidnée du Gabon. 2 et 3. Tête de la même vue en dessus et en dessous

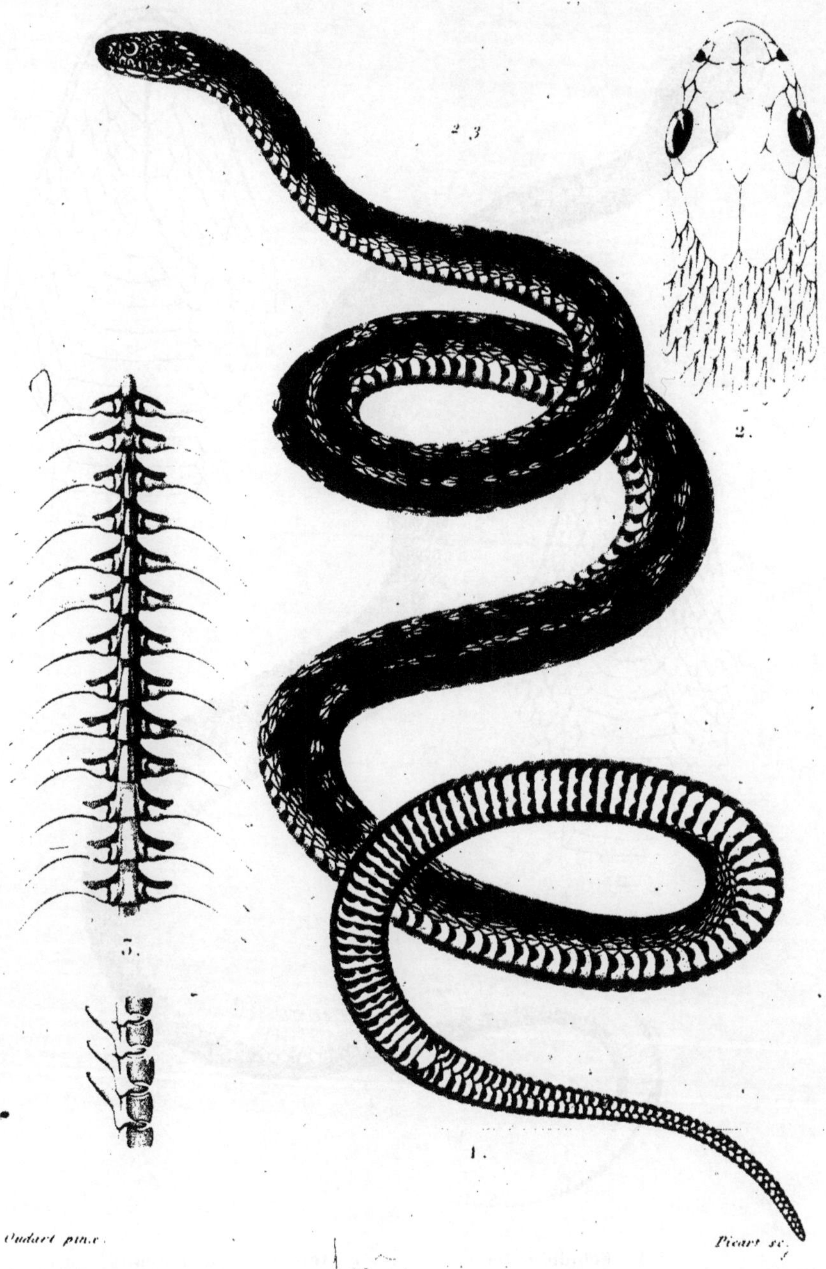

Oudart pinx. *Picart sc.*

1. Rachiodon d'Abyssinie. 2 La tête vue en dessus. 3. Portion dentée de la colonne vertébrale du Rachiodon rude.

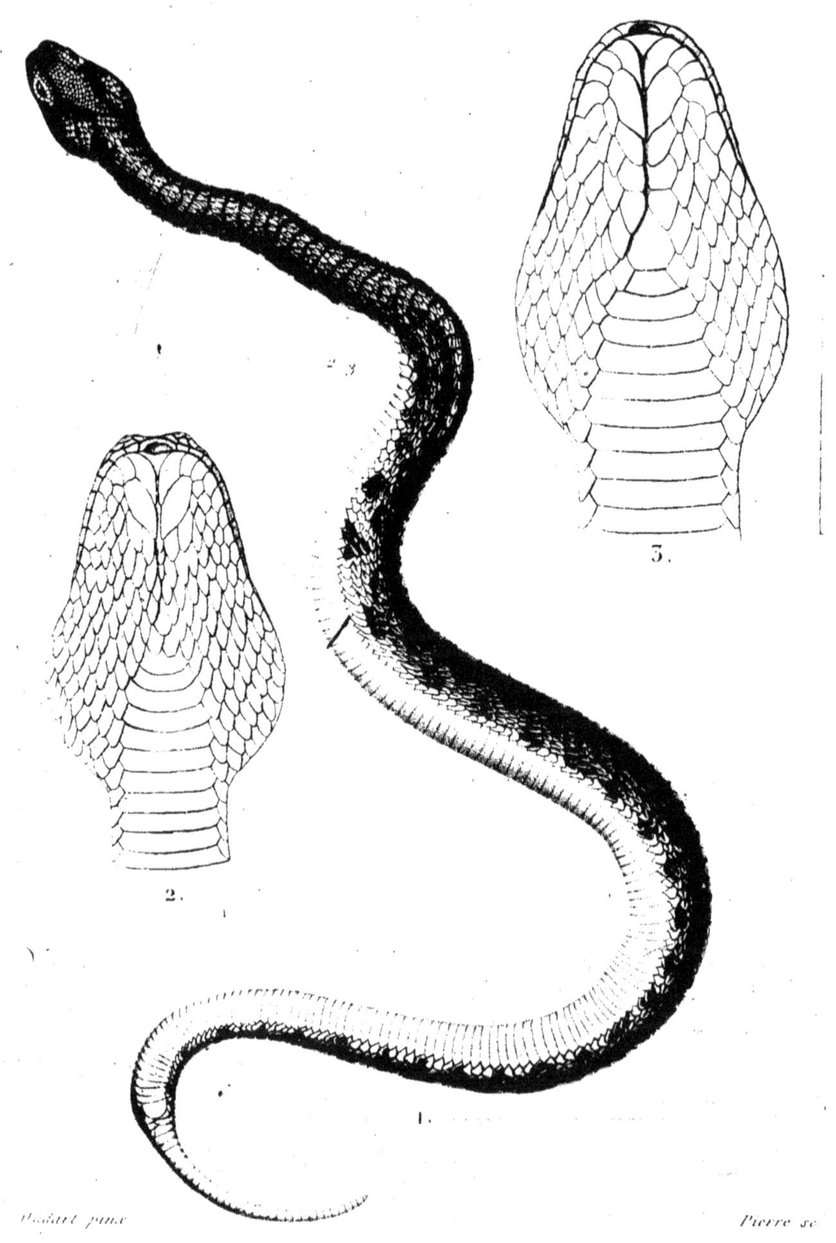

Oudart pinx. *Pierre sc.*

1. Échide à frein. 2. La tête vue en dessous.

3. Tête de l'Échide carénée vue en dessous.

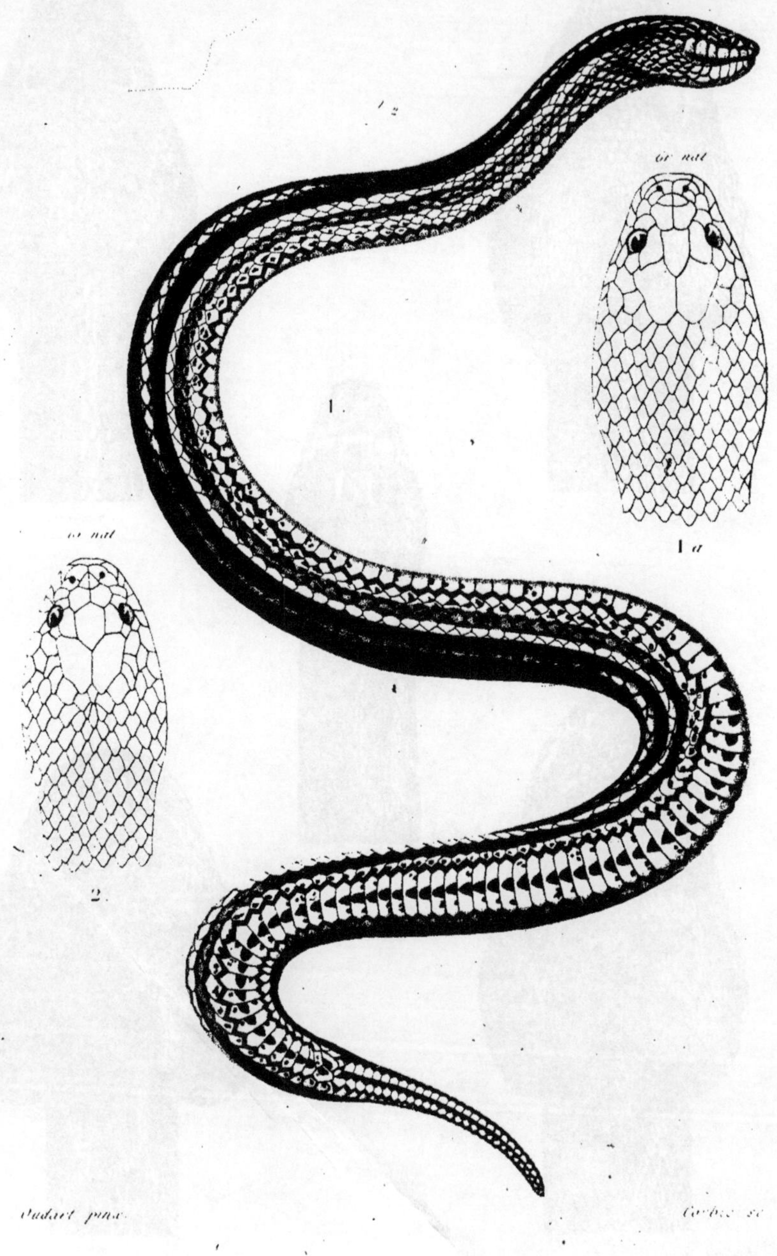

1. Euroste de Dussumier, 1 a. La Tête vue en dessus.

2. Tête de l'Euroste plombé.

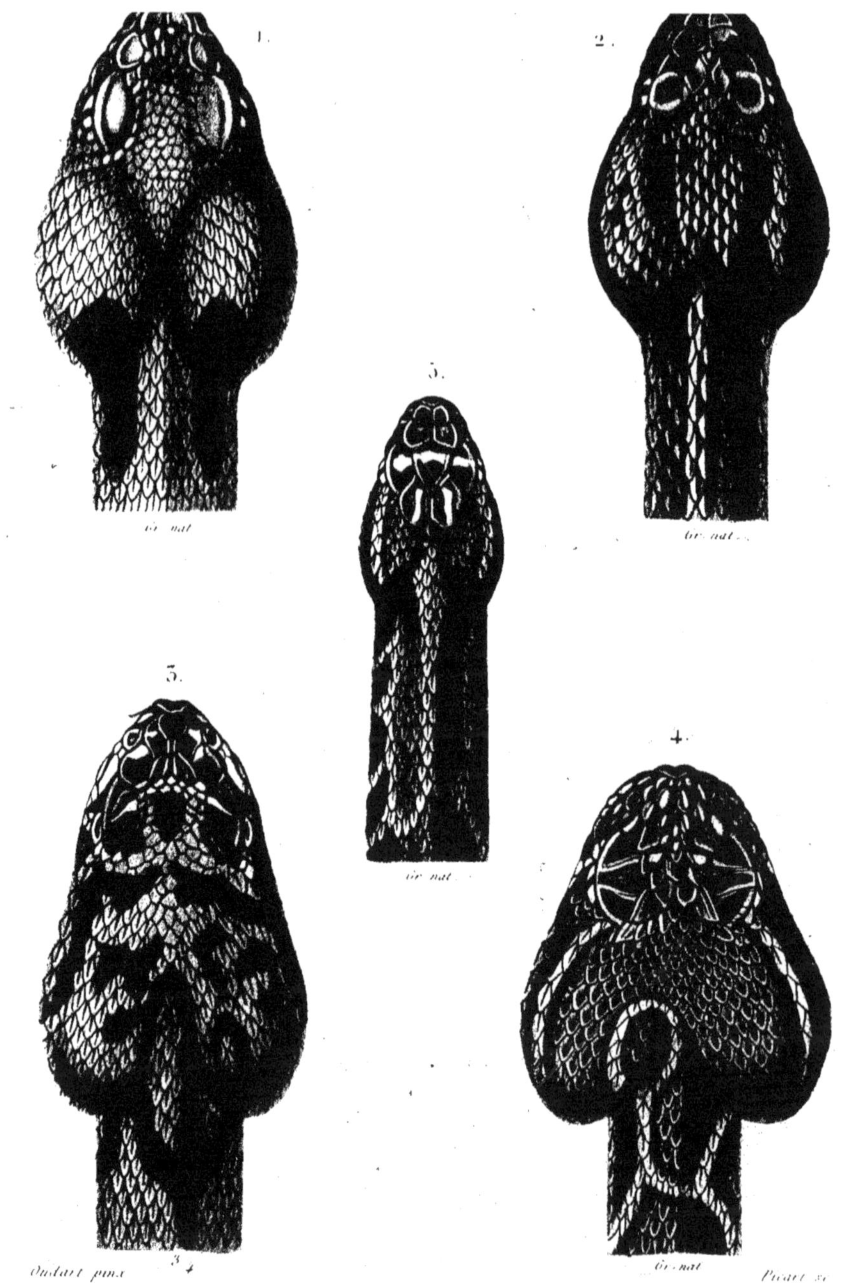

Têtes de Crotales.

1. C. Durisse. 2. C. horrible. 3. C. rhombifère ou Diamant.
4. C. à taches confluentes. 5. C. à triples taches.

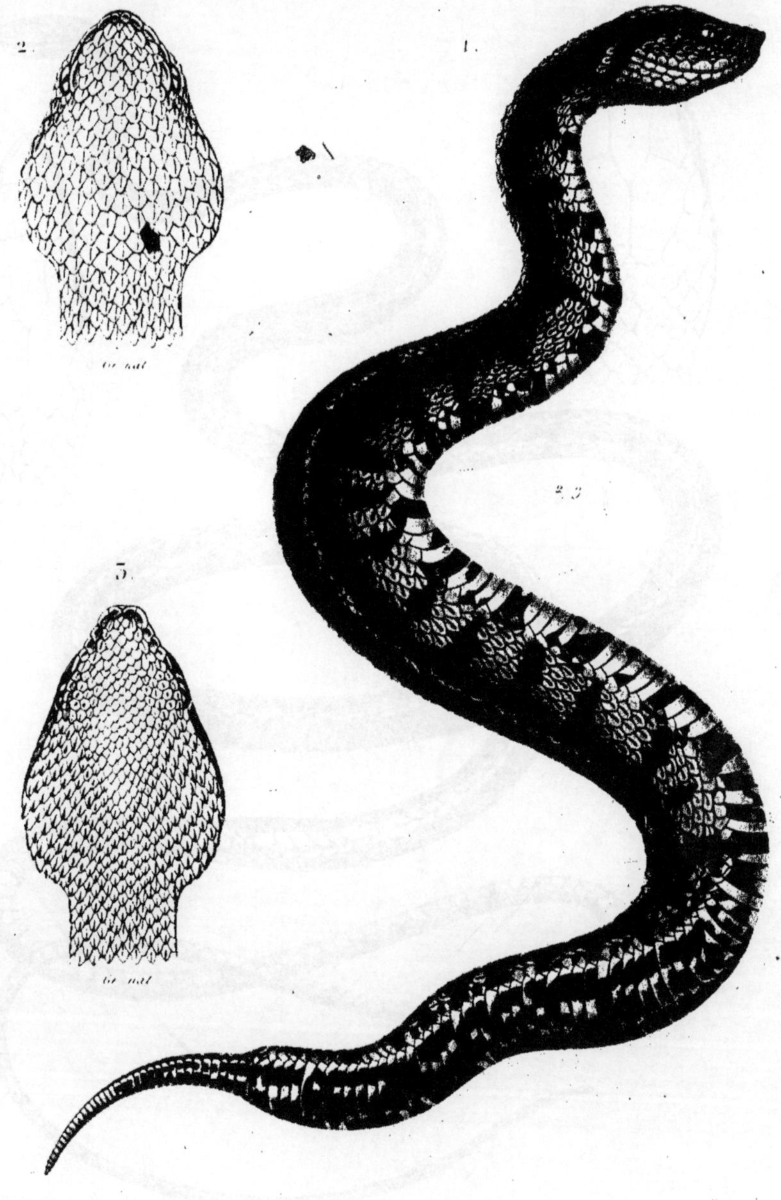

Oudart pinx. *Picart sc.*

1. Atropos méxicain. 2. Tête du même vue en dessus. 3. Tête de l'Atropos pourpr

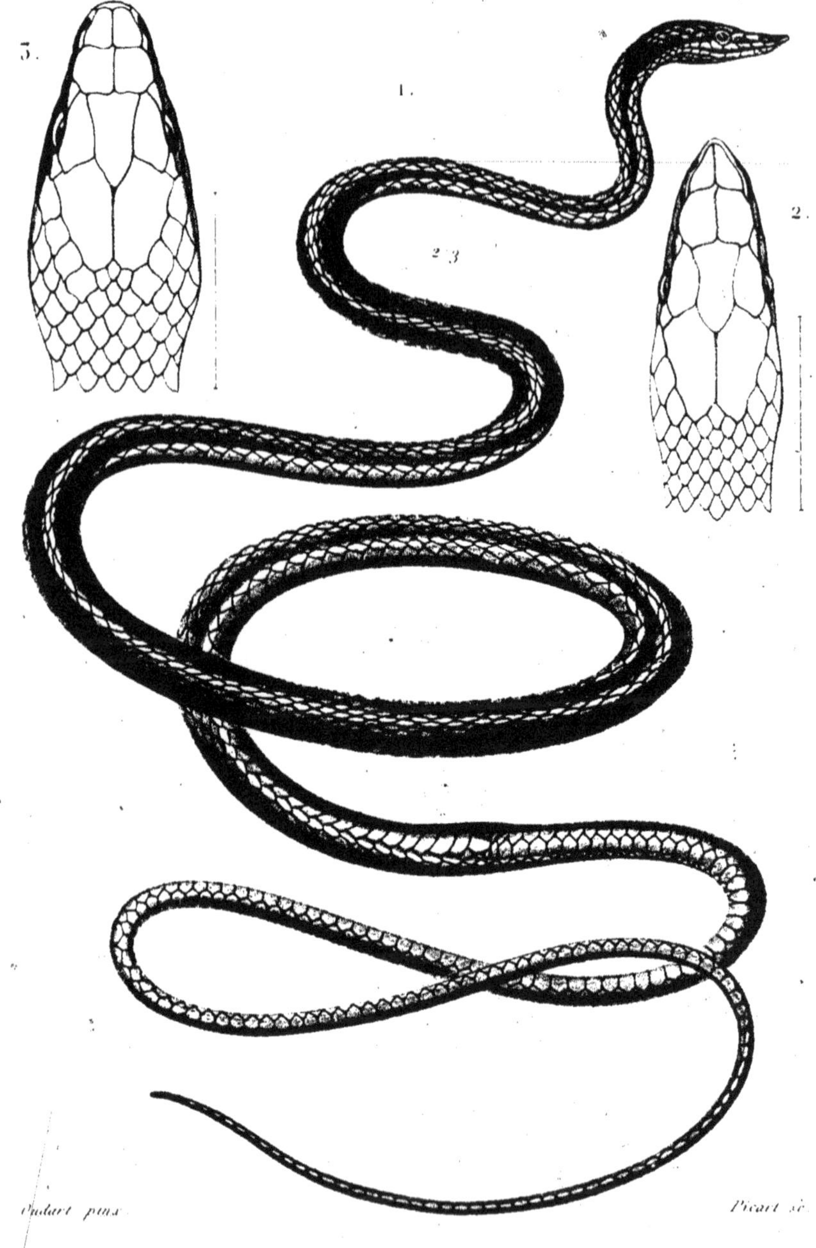

1. Uromacre oxyrhynque. 2. Tête du même vue en dessus.
3. Tête de l'Uromacre de Catesby vue en dessus.

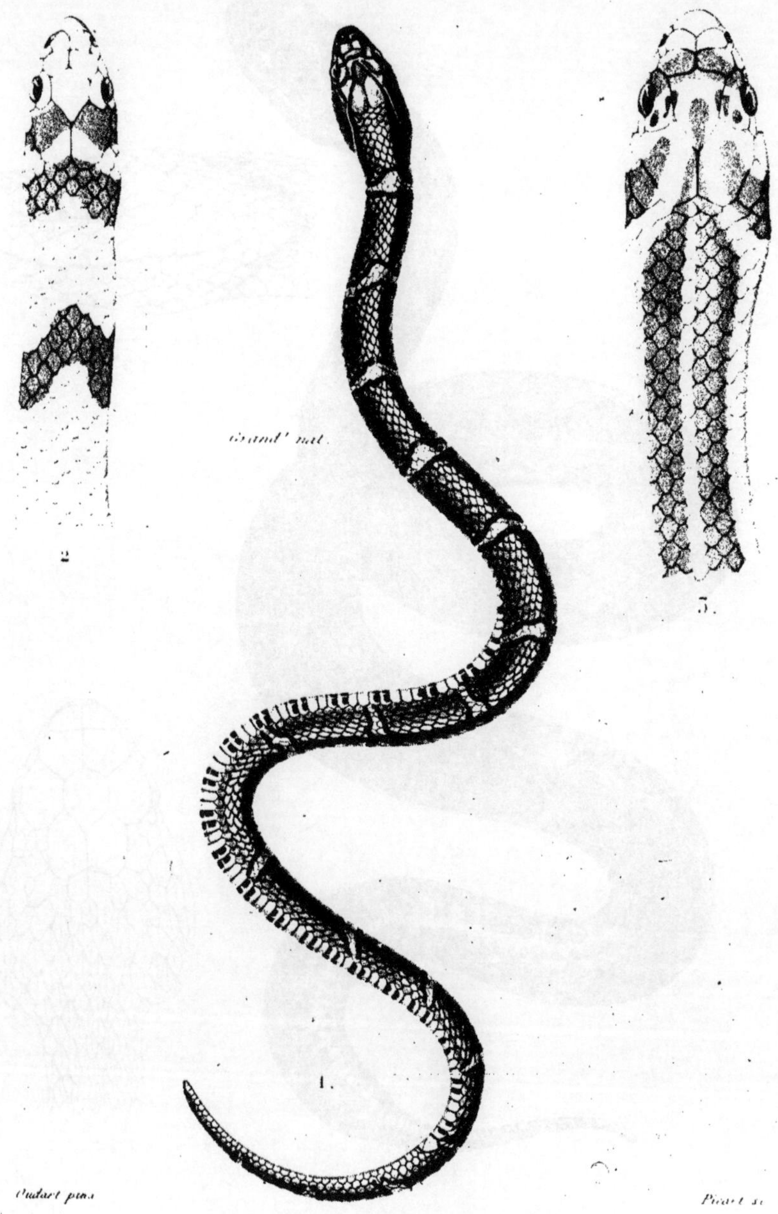

1. Simote à bandes blanches. 2. Tête du Simote écarlate vue en dessus. 3. du Simote à huit lignes

Les détails sont du double de la gr. nat.

1. Bothrops alterné. 1 a. La Tête du même vue de profil.

2. Tête du Trigonocéphale cenchris.

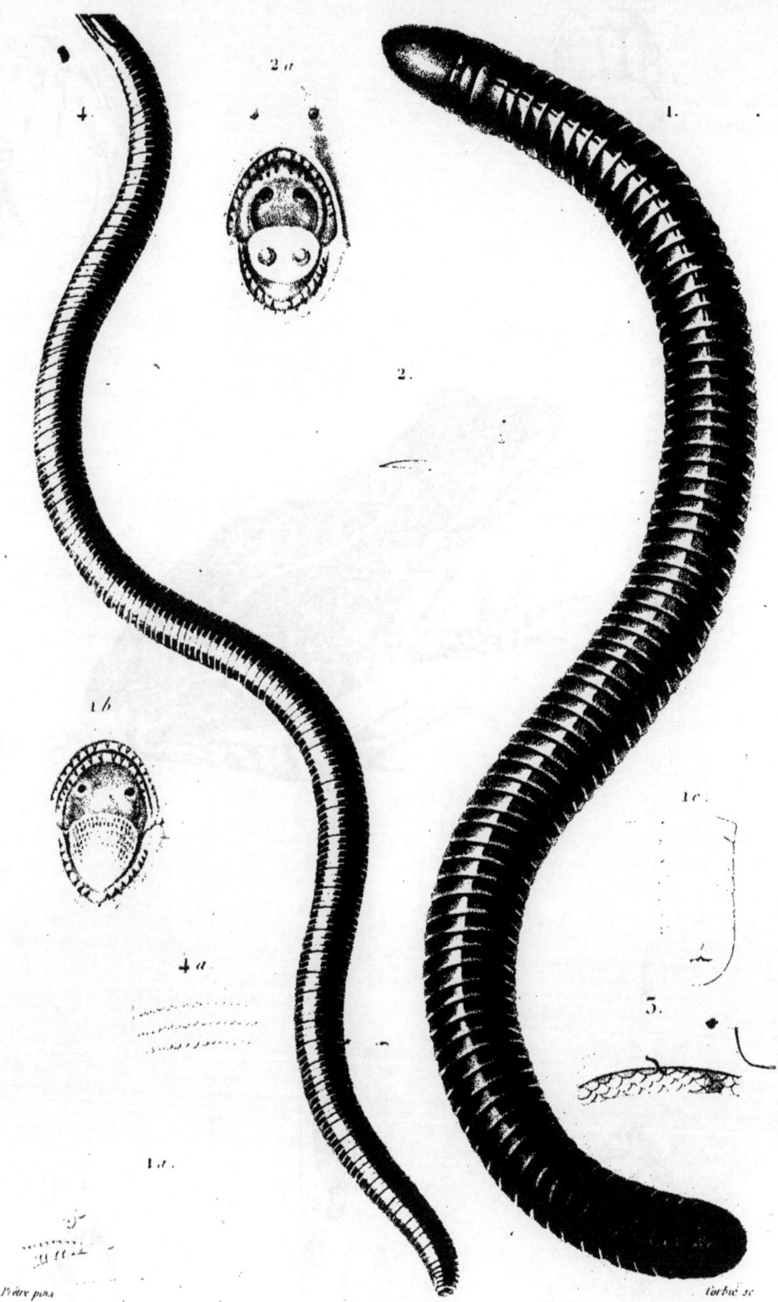

Prêtre pinx — *Corbié sc*

1. **Siphonops annelé.** 1 *a*. Sa tête et son cou vus de profil. 1 *b*. Sa bouche ouverte pour montrer la langue, les dents et les orifices internes des narines. 1 *c*. L'extrémité terminale de son corps vue en dessous. 2. **Tête de Cécilie lombricoïde** vue de profil. 2 *a*. Sa bouche ouverte pour montrer la langue, les dents et les orifices internes des narines. 3. **Ecailles de Cécilie** à ventre blanc. 4. **Rhinatrème** à deux bandes. 4 *a*. Ses écailles.

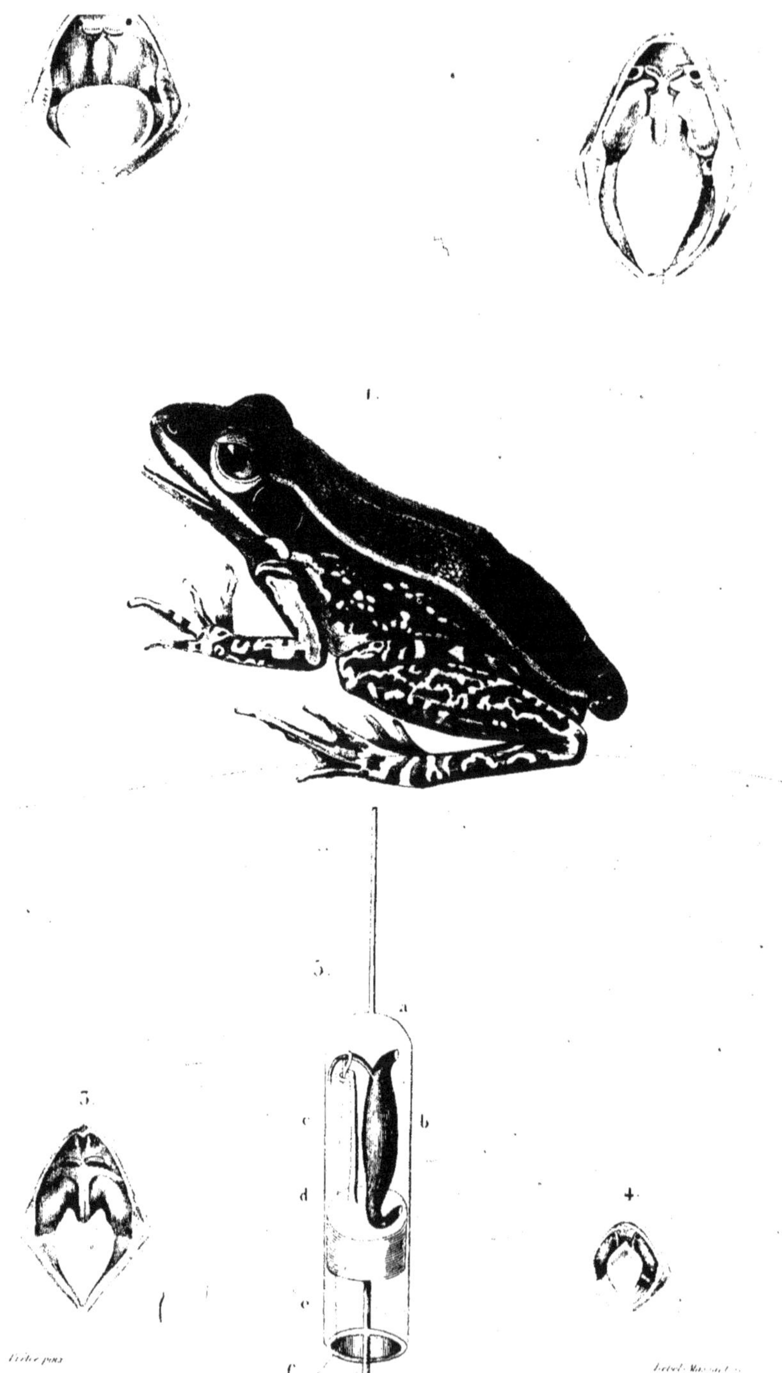

1. Grenouille du Malabar. 1 a. Sa bouche ouverte pour montrer la langue et les dents. 2. Bouche de Pseudis de Mérian ouverte pour montrer la langue et les dents. 3. Bouche de Strongylope à bandes, ouverte pour montrer la langue et les dents. 4. Bouche d'Oxyglosse lime, ouverte pour montrer la langue. 5. Expérience de Swammerdam expliquée. *Tome VIII Pag. 102*

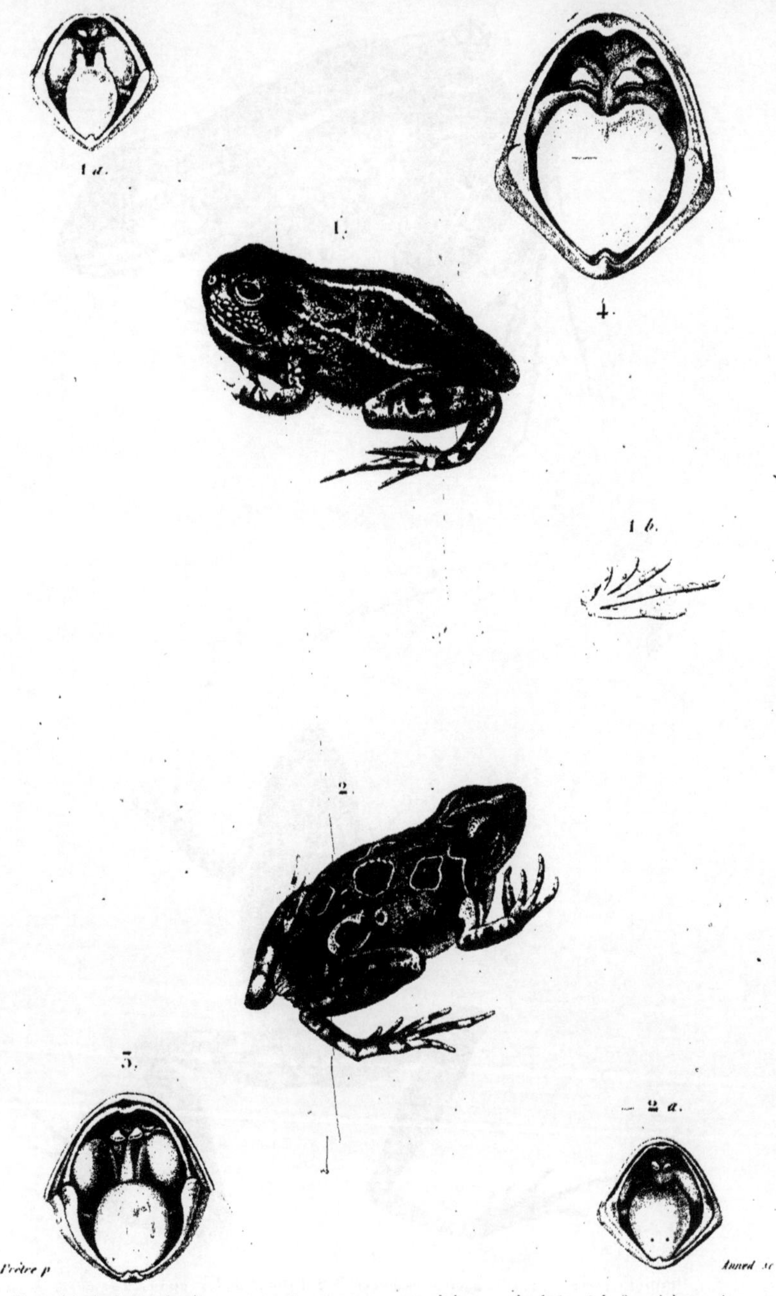

1. Pyxicéphale de Delalande. 1 a. Sa bouche ouverte pour montrer la langue et les dents. 1 b. Son pied vu en dessous.
2. Pleurodème de Bibron. 2 a. Sa bouche ouverte pour montrer la langue et les dents.
3. Bouche de Cycloramphe fuligineux ouverte pour montrer la langue et les dents.
4. Bouche de Cystignathe ocellé ouverte pour montrer la langue et les dents.

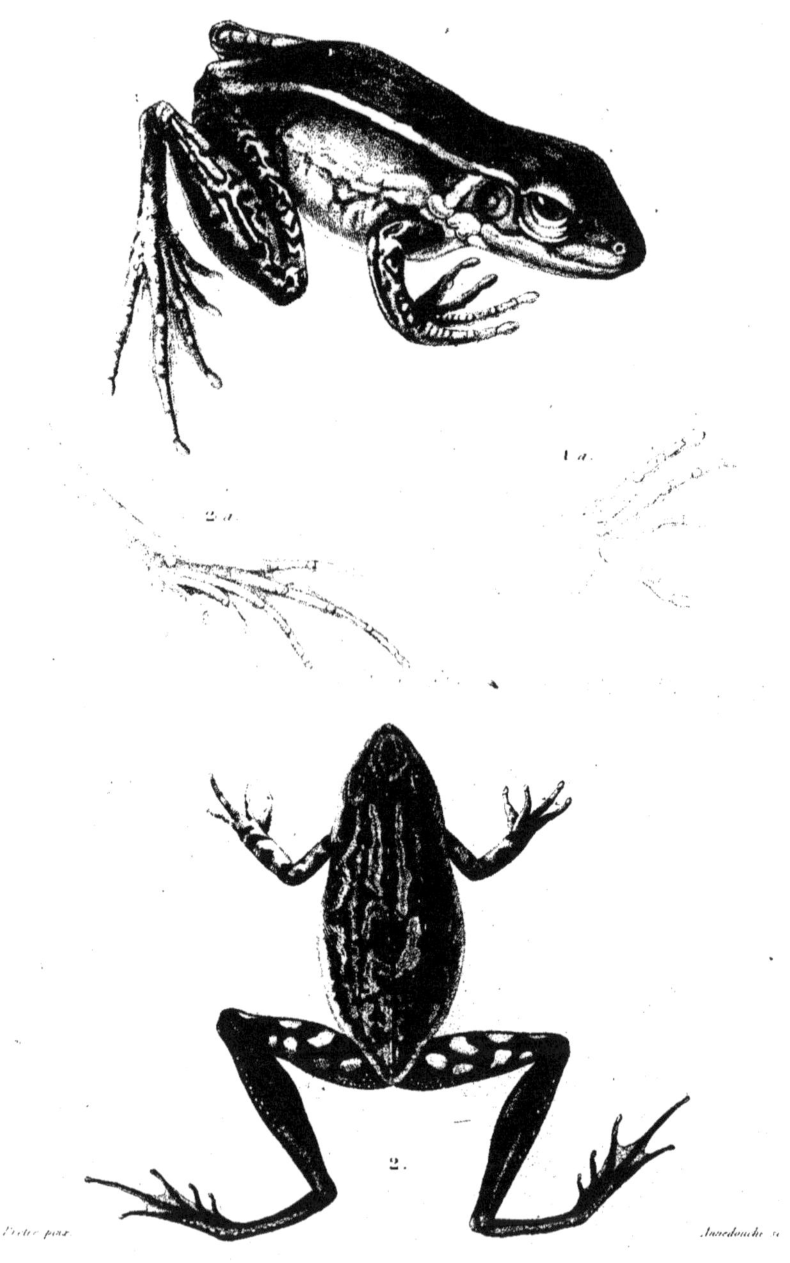

Prêtre pinx. Annedouche sc.

1. Rauhyle rouge. 1 a. Sa main vue en dessous. 2. Litorie de Freycinet. 2 a. Une de ses pattes postérieur

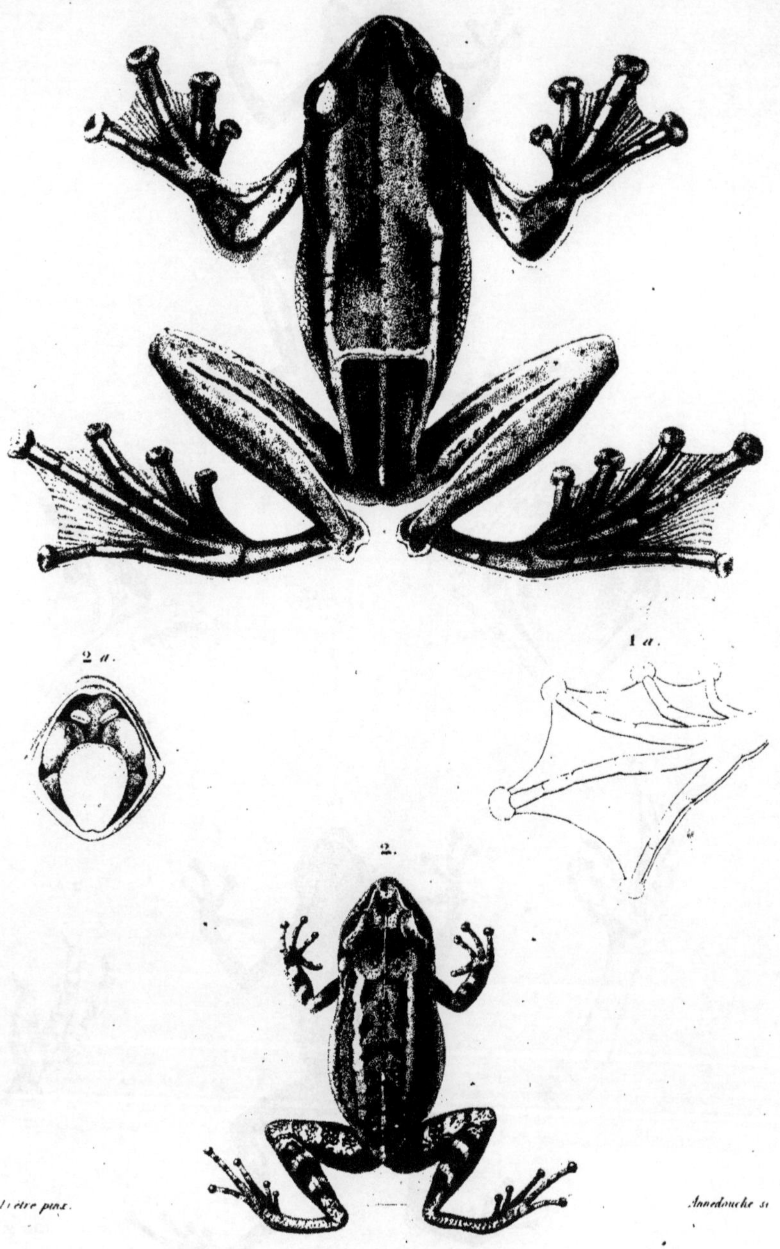

1. Rhacophore de Reinwardt. 1 a. Un de ses pieds vu en dessous. 2. Hylode de St Domingue.
2 a. Sa bouche ouverte pour montrer la langue et les dents.

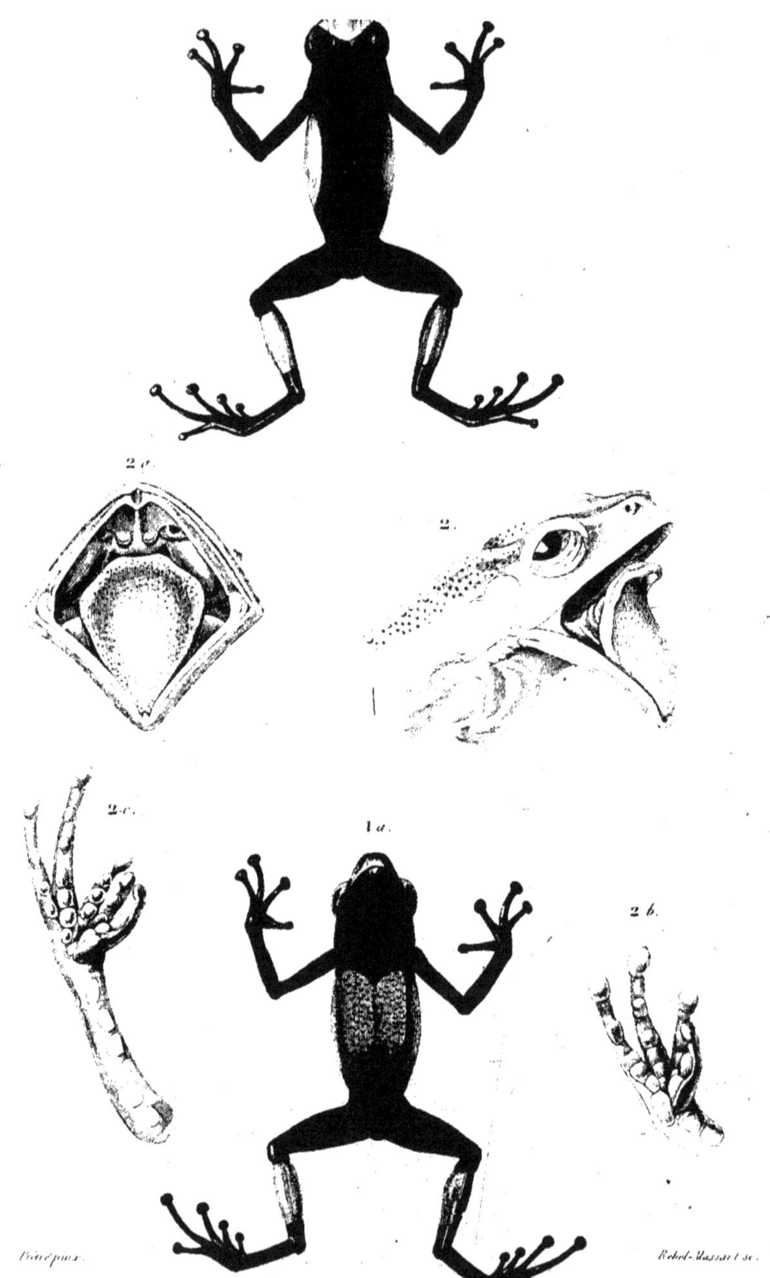

1. Hylaplésie de Cocteau. 1 *a*. La même en dessous. 2. Tête de Phyllomeduse vue de profil avec la bouche ouverte pour montrer la langue. 2 *a*. Bouche de la même ouverte pour montrer les dents palatines. 2 *b*. Main, 2 *c*. Pied de la même vus en dessous.

1. Crapaud de Leschenault. 1 a. Sa bouche ouverte pour montrer la langue. 2. Rhinophryne à raie dorsale.
2 a. Son pied vu en dessous.

1 **Dactylèthre du Cap.** 1 *a*. Sa bouche ouverte. **2. Tête de Pipa** vue en dessus. 2 *a*. Une de ses pattes de devant.
2 *b*. Une de ses pattes postérieures.

1. Onychodactyle de Schlegel. 1 *a*. Sa tête vue de profil. 1 *b*. Sa bouche ouverte pour montrer la langue et les dents. 1 *c*. Extrémité des doigts grossie pour mieux montrer les ongles. 2. Bouche de Pseudotriton brun, ouverte pour montrer la langue et les dents. 2 *a*. Sa tête et la langue vues de profil. 3. Bouche de la Salamandre tach.ée ouverte pour montrer la langue et les dents. 4. Bouche d'Amblystome à bandes, ouv.te p.r montrer la langue et les dents.

1. **Ménopome des monts Alleghanis.** 1 *a.* Sa bouche ouverte pour montrer la langue et les dents. 2. **Salamandrine à lunettes.** 2 *a.* Sa bouche ouverte pour montrer la langue et les dents. 3. **Bouche de Triton à crête,** ouverte pour montrer la langue et les dents. 4. **Bouche de Pléthodonte** ouverte pour montrer la langue et les dents.

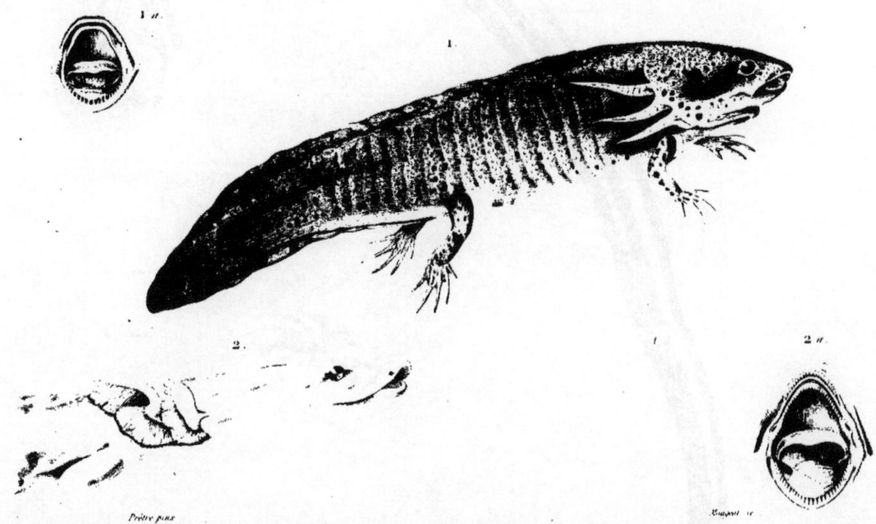

Prêtre pinx

1. **Siredon.** 1 a. Sa bouche ouverte. 2. **Tête de Menobranche latéral** vue de profil. 2 a. Sa bouche ouverte.

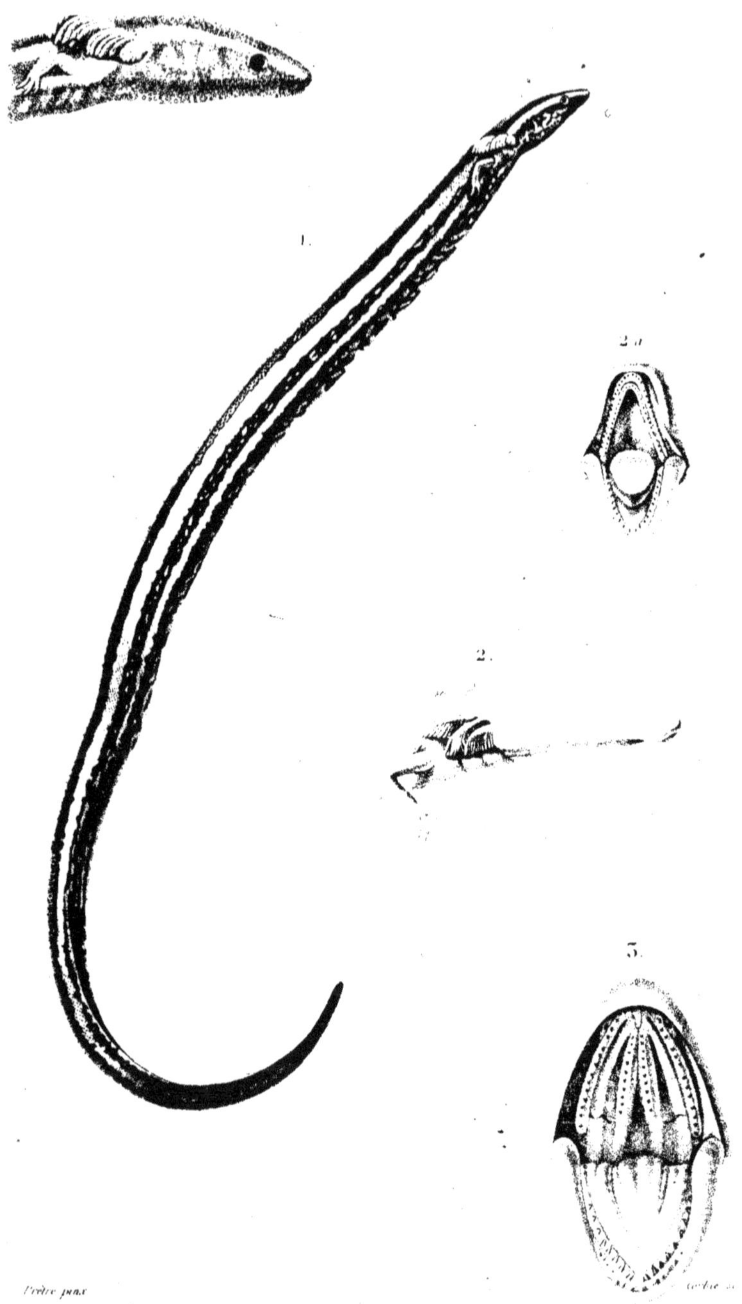

Prêtre pinx

1. Sirène striée. 1 a. Sa tête vue de profil. 2. Tête de Protée vue de profil. 2 a. Sa bouche ouverte pour montrer la langue et les dents. 3. Bouche d'Amphiume ouverte pour montrer la langue et les dents.

Oudart p. *Corbié sc.*

1, Scaphiope solitaire; 1 a, La bouche ouverte; 1 b, L'un des pieds; 2, L'un des pieds du Pélobate brun; 3, L'un des pieds du Pélobate cultripède.

1, Rainette à bourse mâle ; 2, La femelle qui porte la poche dorsale ou bourse cutanée.

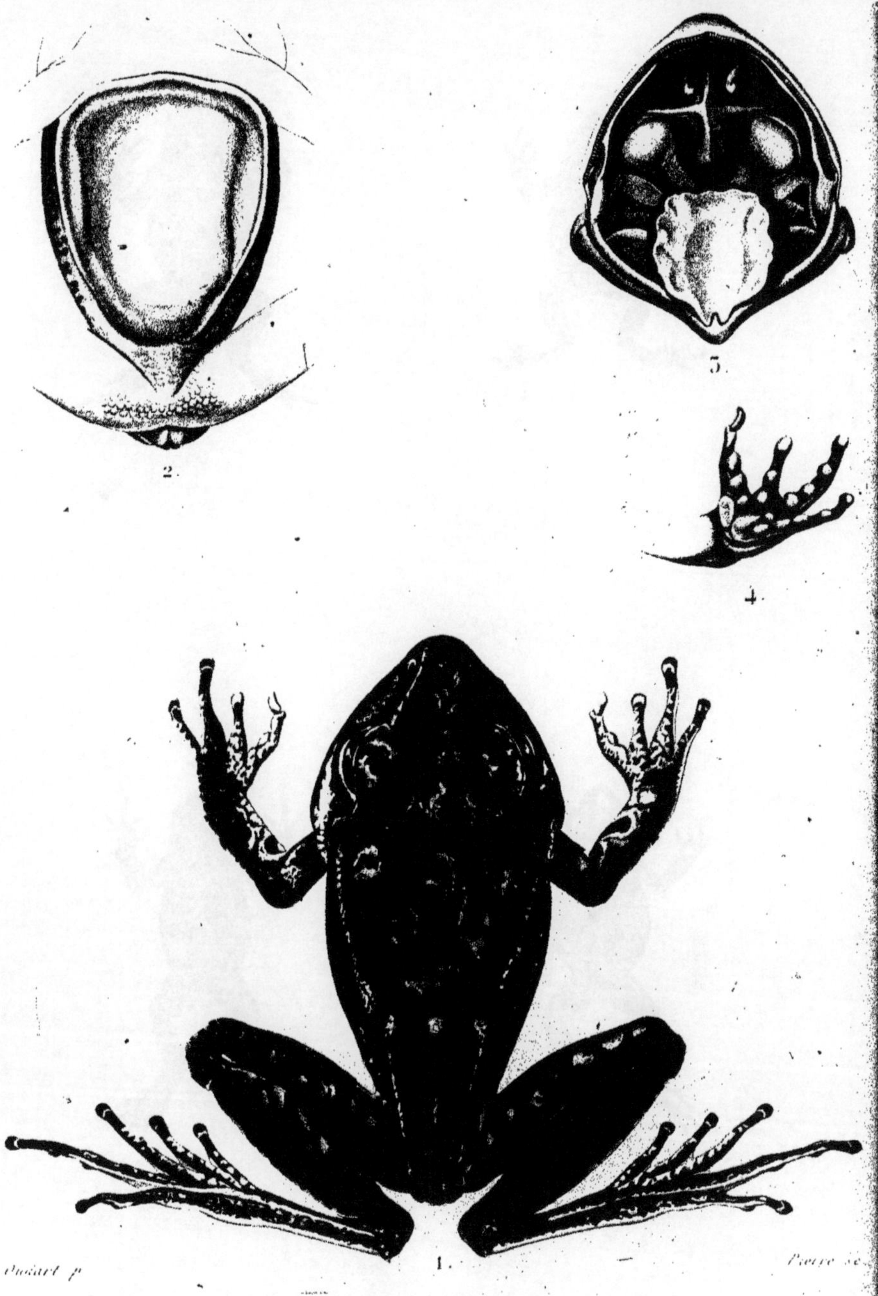

1. **Hylode large-tête**. *Ann. des Sc. nat. T. XIX, 3e Série.* 2. Le tronc vu en dessous, pour montrer le disque cutané de l'abdomen; 3. La bouche ouverte pour montrer la langue et les dents; 4. La main vue en dessous.

1.

2.

3.

4.

1. Phrynisque noirâtre ; 2. Phrynisque austral ; 3 Phrynisque front-blanc ;
4. Variété du Phrynisque austral.

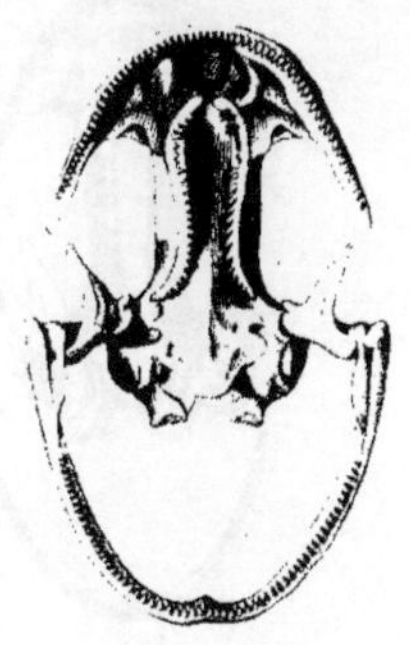

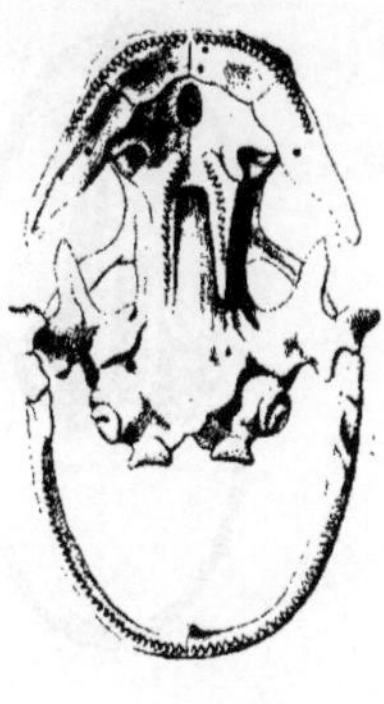

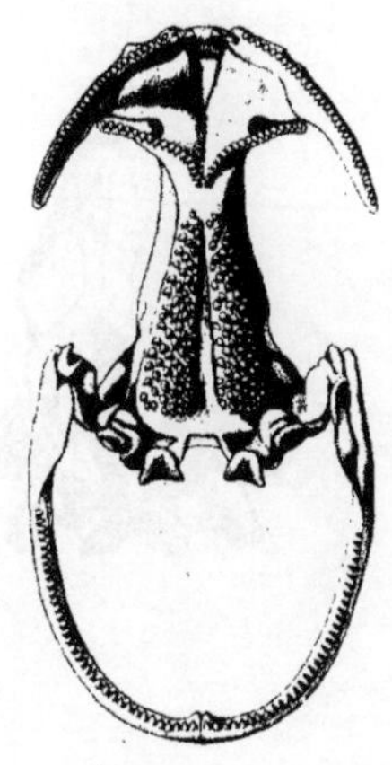

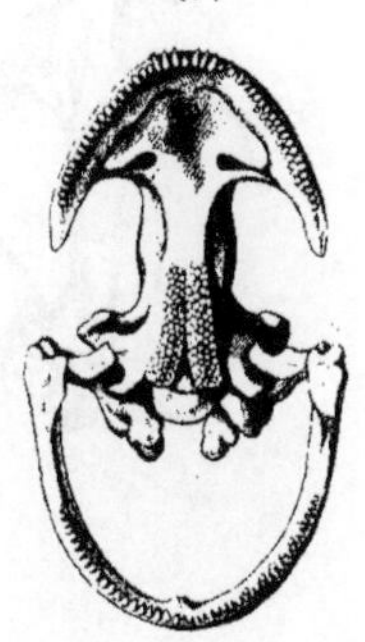

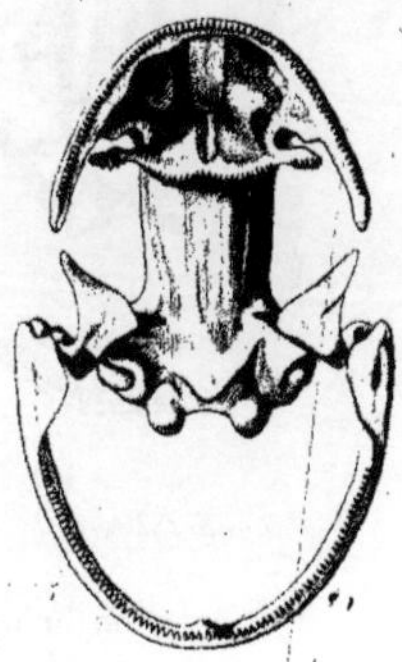

F. Bocourt del. et sc.

1, Salamandre terrestre. 2, Pleurodèle de Waltl. 3, Pléthodonte brun.

4, Bolitoglosse mexicain. 5, Ellipsoglosse à taches. 6, Ambystome à bandes.

1.

2.

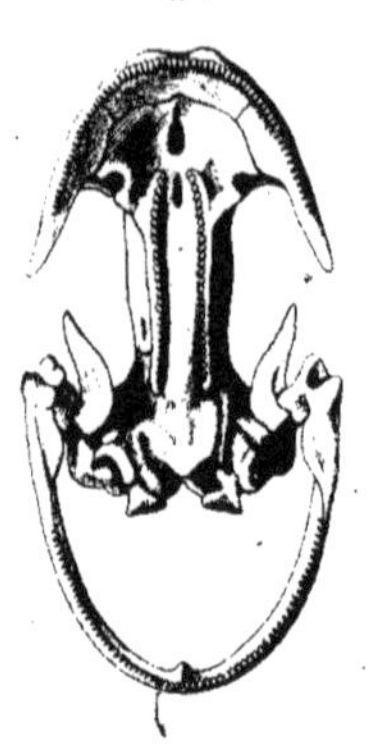

3.

4.

5.

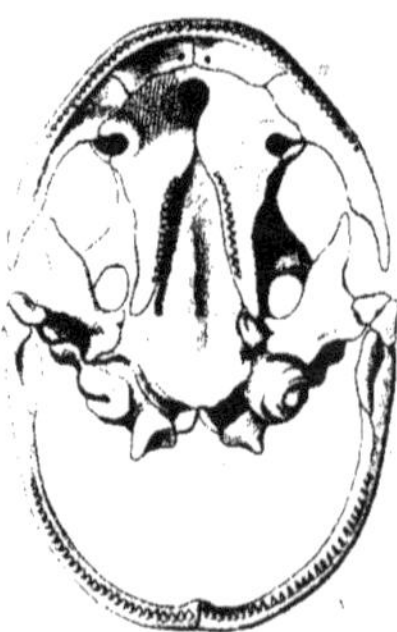

6.

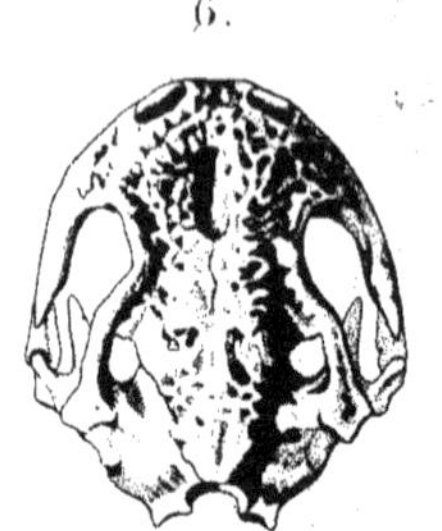

F. Bocourt del. et sc.

1. Géotriton brun. 2 et 3. Triton à crête, (en dessous et en dessus.)

4. Triton ponctiqué. 5 et 6. Euprocte de Poiret, (en dessous et en dessus.)

www.ingramcontent.com/pod-product-compliance
Ingram Content Group UK Ltd.
Pitfield, Milton Keynes, MK11 3LW, UK
UKHW022107190726
13855UKWH00002B/700